长江三角洲区域生态安全时空演变及调控图谱研究

陈 燕 谭玉敏 王宇晖 等 著

U0260964

化学工业出版社

·北京·

内容简介

《长江三角洲区域生态安全时空演变及调控图谱研究》以长江三角洲地区为研究对象，在分析该区域土地利用特征及生态环境状况的基础上，通过生态系统服务价值构建了生态敏感性评价指标体系，开展了生态服务功能评价和生态功能区划。本书还构建了生态安全评价体系，分析了长江三角洲区域生态安全的时空演变趋势；实现了由"生态源地、生态廊道、生态节点和生态断裂点"组成的长江三角洲区域调控图谱，并给出了具体的保护措施和建议。

本书可供环境科学、生态学、环境生态工程、地理学等专业的师生阅读，也可供从事生态环境规划与管理研究的科研人员阅读参考。

图书在版编目（CIP）数据

长江三角洲区域生态安全时空演变及调控图谱研究 /
陈燕等著. —北京：化学工业出版社，2024.4
　　ISBN 978-7-122-45175-0

　　Ⅰ.①长… Ⅱ.①陈… Ⅲ.①长江三角洲-区域生态
环境-生态安全-研究 Ⅳ.①X21

中国国家版本馆 CIP 数据核字（2024）第 053163 号

审图号：GS 京（2024）0223 号

责任编辑：郭宇婧　满悦芝　　　　　　装帧设计：张　辉
责任校对：宋　夏

出版发行：化学工业出版社
　　　　　（北京市东城区青年湖南街 13 号　邮政编码 100011）
印　　装：北京天宇星印刷厂
710mm×1000mm　1/16　印张 13　字数 220 千字
2024 年 4 月北京第 1 版第 1 次印刷

购书咨询：010-64518888　　　　售后服务：010-64518899
网　　址：http://www.cip.com.cn
凡购买本书，如有缺损质量问题，本社销售中心负责调换。

定　　价：　88.00 元　　　　　　　版权所有　违者必究

前言

　　近年来，随着经济建设的发展和城市化进程的加快，我国某些地区出现了生态状况恶化、土地资源短缺和环境污染等生态环境问题，这在一定程度上会影响人体健康、经济建设与环境和谐的区域可持续发展。长江三角洲是中国综合实力最强的经济区域之一，丰富的土地资源和独特的地理位置使其成为中国最具战略意义的发展空间之一。在城市圈快速发展的过程中，长江三角洲土地利用结构也发生了巨大变化，非农建设用地占用大量生态用地，引发了一定程度的生态压力和一系列环境问题，给区域可持续发展目标的实现带来一定的影响。因此，随着生态文明的建设，要着力研究长江三角洲的区域生态安全时空演变及其优化调控，以期为新时代生态文明建设增砖添瓦。

　　本书在借鉴和总结国内外学者对生态安全、城市生态安全的理论和评价实践的研究基础上，研究长江三角洲的土地利用、生态服务价值的特点及其动态演变规律，对长江三角洲的生态敏感性及生态服务功能重要性的数量和空间分布特征进行分析，进一步根据生态功能区划基本原则，对长江三角洲进行生态功能分区，对长江三角洲的区域生态安全现状进行评价并给出基于景观的具体优化调控措施和建议。

　　本书可作为高等院校环境科学、生态学、环境生态工程、地理学等专业的教材和参考书，也可供从事生态环境规划与管理研究的科研人员参考阅读。

　　本书由东华大学的陈燕总体策划、审阅并定稿，在写作过程中，得到了多位师生的大力支持。本书的编写分工如下：第一章，陈燕、谭玉敏；第二至四章，吴爱林、王宇晖；第五至七章，燕彩霞、宋新山；第八至十章，罗婵、陈燕。周镇宇、赵思瑞、索心睿在本书的图片处理方面做了大量的工作。化学工业出版社的编辑给予了热情专业的帮助。在此向他们表示衷心的感谢！

本书的出版得到了中华人民共和国国家自然科学基金（41471089）、中国科学院流域地理学重点实验室开放基金（WSGS2020006）、国家重点研发计划项目课题（2021YFC3000102）和东华大学环境科学与工程学院的大力支持和帮助，特此表示感谢。

由于作者水平有限，书中难免有不足之处，恳请读者批评指正。

著者
于上海
2024 年 1 月

目 录

第十章 长江三角洲整体区域调控图谱 / 174

第一章

绪　论

1.1　背景概述

生态安全被认为和经济安全、政治安全一样，是构成国家安全的重要基石之一。过去"高物耗、高污染、高消费"的发展模式与"先破坏、后治理"的决策模式带来了一系列消极的生态后果：大气质量恶化、小区域气候异常、水资源短缺、能源资源短缺、水环境污染严重、公共空间稀少、生物多样性丧失、生态系统退化、固体废物污染严峻、人群健康受损。生态环境问题正逐渐发展成为生态安全问题，日益被国际社会所关注。

改革开放以来，长江三角洲地区经济快速增长的同时，区域人地关系紧张，各种土地利用问题显现、绿色空间萎缩、城市热岛效应增强、近海海域污染扩大，生态环境问题风险日益加大。社会经济发展与生态环境保护之间的矛盾不断显现，并有可能引发深层次的自然-社会-经济复合生态系统安全问题。区域发展的限制性要素已从传统的资源短缺问题变为生态环境问题。在经济快速发展地区，其传统发展模式产生的巨大生态环境压力及其诱发的一系列生态环境问题，有可能严重阻碍区域可持续发展目标的实现。迫切需要从系统角度辨识不同时段、不同空间尺度的区域生态环境风险与压力，进而确定区域生态环境危机产生的根源及演变过程，探讨区域生态系统的调控模式，引导区域生态系统健康、安全、可持续发展。

由人地矛盾引发的生态安全问题错综复杂，急需从理论和实践两方面进行探索和研究。但是由于生态安全是个新兴的研究领域，其理论和方法发展尚不完备，在城市群区域及快速城市化的长江三角洲地区的生态安全研究方面还有很多空白地带。地学信息图谱是20世纪90年代由中国科学院地理科学与资源研究所的著名地理信息专家陈述彭院士提出并积极倡导的一种新概念和新方法，它是用图形思维方法归纳、总结、抽象和概括复杂地学现象或过程的一门全新科学，既是方法论又是地学信息产品。将地学信息图谱这一由中国科学家自主提出的理论与方法应用到长江三角洲区域生态安全研究中，对于完善有关地学信息图谱、区域生态安全的理论和实践研究均具有显著意义。

1.2　基础理论与技术方法

1.2.1　土地利用/覆盖变化（LUCC）

土地利用是一个把土地的自然生态系统变为人工生态系统的过程，土地覆盖是土地类型及其所具有的一系列自然属性和特征的综合体，其变化不仅发生在任意空间尺度上，还与生物总量以及多样性的减少、生态安全水平、生态系统功能变化、气候演变、人类与生态系统环境之间相互作用的可持续性等密切相关。局部的变化可能会产生蝴蝶效应从而将影响扩散到更大的区域，最后可能对全球生态变化产生影响。

土地覆盖和土地利用是土地生态系统的两种固有属性。二者虽有区别，但又息息相关：土地利用主要偏重于土地的社会经济方面，而土地覆盖则主要偏重于土地的自然方面；土地覆盖表现的是土地形态性上的特征，土地利用则主要体现为功能性方面的概念；土地覆盖通常会因为土地利用的变化而发生变化，土地利用是土地覆盖变化的主要外在因素，反之，土地覆盖又会影响土地利用的方式。两者相互作用、相互依存，是土地生态系统不可分割的社会经济和自然的双重属性。土地利用是人类干扰自然环境系统的主要方式之一，同时也是土地覆盖在不同时间段内发生变化的最直接和主要的影响因子。土地利用的变化对土地覆盖变化的影响远大于其他自然因素的作用，而且无论是在全球尺度还是在区域尺度都不断地加速土地覆盖的变化。土地利用与土地覆盖两者密不可分、相互作用，并且共同对地球生态系统产生广泛而深刻的影响，因此，在土地动态变化研究中应该将土地利用与覆盖联系起来并给予密切关注。

从 20 世纪中期以来，人类社会经济活动对地球环境生态系统的干扰不断加大，导致了水资源污染、生物多样性减少、土地退化、土壤流失加剧、全球气候变暖和极端自然灾害频发等众多环境问题。人们也逐渐提高了对土地利用与土地覆盖变化的认知，认识到土地利用与土地覆盖变化是全球变化（气候、生态安全水平、生物多样性等变化）的主要原因。LUCC 问题已成为全球环境变化研究的核心和重要组成部分，已经引起国际组织和世界各国研究者的广泛关注。如：1995 年，"全球环境变化中的人文领域计划（IHDP）"和"国际地圈-生物圈计划（IGBP）"联合提出了 LUCC，极大加快了相关领域的研究步伐。很多国际组织和国家开展了自己的 LUCC 研究计划：国际应用系统分析研究所（IISA）开展了"欧洲和北亚模拟"项目，就欧洲和北亚地区 1900～1990 年 LUCC 的时空变化和环境效益进行分析，并预测未来 50 年的土地结构情况；联合国环境署（UNEP）开展了"土地覆被评价和模拟"项目，主要研究东南亚地区的土地覆被现状，通过了解土地覆盖的变化情况，从而确定变化的热点地区；日本国立科学院全球环境研究中心（NIES）也对相关领域进行大量的研究，主要开展了"为全球环境保护的土地利用研究（LU/GEC）"项目等。1987 年，中国正式开启相关领域的研究旅程，中国科学院资源环境科学与技术局向中国科学技术协会申请成立 IGBP 中国全国委员会，并在土地生态系统环境问题、中国粮食安全、典型区域土地利用变化、土地利用与经济发展关系等方面开展广泛研究，取得了一系列有价值的研究成果，意味着中国土地利用研究更加完善，整体水平进一步提高。

从研究内容上看，土地利用与覆盖变化的研究主要包括三个方面：土地利用与覆盖的监测、分析和效应。监测主要包括土地利用类型分类、测量、制图和统计；分析则主要包括变化发生的直接与间接原因以及驱动力与阻力，对变化定量与定性分析以及预测模型；效应则主要包括三方面：资源效应、环境效应和生态效应。国内的 LUCC 研究主要集中在两类地区，一类是经济热点地区，主要是在经济快速发展、人口剧增以及城市化加快的背景下，人类社会活动极为活跃，土地利用/覆盖发生剧烈变化的地区，如长江三角洲地区、环渤海地区和珠江三角洲地区；另一类是生态脆弱区，主要是人口、资源、经济与环境发展不和谐，内部结构不稳定的生态脆弱区，如滇北生态脆弱区、黄河流域、喀斯特生态脆弱区、中国东北地带等。近几年，大量研究者陆续提出和构建了分析区域土地利用变化的模型和研究框架，深化了相关领域的研究，提高了人们对土地、人口、环境与发展之间相互依存的认识以及对土地利用变化的模拟与预测水平，为引导中国土地资源的合理利用与管理提供了科学依据。

从技术上来看，国内外主要从以下三个方面来研究 LUCC 模型：首先是将地理信息系统与土地利用和土地覆盖的时空变化相结合。随着空间信息分析技术的改进，空间异质性的概念被广泛地认识和重视，空间格局分析成为解释地区内空间分布情况、过程和影响机制的重要组成部分。系统过程模拟与空间格局分析的结合也成为必然，在这一过程中，地理信息系统发挥了重要作用。其次是遥感数据的普遍应用。随着遥感技术的改进，人类获得土地利用和土地覆盖的有关信息更便捷、更迅速、更准确，不仅可以同时对地表某一区域的全貌进行观测，也可以对同一地区进行多次重复观测，在很大程度上弥补了传统分析缺少统计数据的不足。最后是在分析土地利用与覆盖的同时，综合考虑社会、人文要素、经济等要素。

1.2.2　生态系统服务功能与价值

"生态系统服务"最早由 R. Ehrlic 等在 1981 年出版的专著中提出。学者

Daily 对环境系统服务的概念是从环境收益的角度来思量的，他强调人类从生态系统中获得环境收益的条件和过程，之后广泛用于关于生态学的研究中。20 世纪 90 年代以后，生态系统服务功能与不同学科相互兼容，运用更为广泛，越发受到人们的重视，广大学者们展开了多方面的研究，将生态系统服务功能赋予价值属性并进行量化与评价的方法称为生态系统服务价值。

生态系统服务功能是人们可以在地球上活动的基本条件，是生态系统给人类活动提供的环境资源和物质基础。随着社会的进步，人类越发理解生态系统服务功能对人类生存活动的重要性，许多学者在生态系统服务功能产生的原因、影响因素以及提升和改善生态服务功能的方法等方面开展了研究。

最近几年，生态研究学者主要对不同生态系统服务价值评估方法进行讨论。开展了对不同尺度的区域生态系统服务的价值评估，对森林、草地、湿地、农田、城市等唯一环境要素为人类提供的生态效益的研究，生态系统服务价值对不同地域、不同类型土地的利用情况和空间分布格局的变化情况的讨论。这些研究结果让国内生态系统服务功能利用更加广泛，影响逐渐扩大。

生态系统服务功能是生态系统、生态过程形成的自然环境条件及其效用，是维持人类生存的根本。近几年，生态系统服务价值已经成为可持续发展研究的热点，研究者已普遍将其作为评价生态环境变化的主要指标之一。对生态系统服务价值及其变化进行评估，不光反映了人类对自然资源周期性利用的情况，更重要的是突出了在经济发展过程中人类对生态系统平衡的重要性的认知。土地利用与生态服务互相影响、互相制约，其变化过程对维持生态系统平衡、生态系统服务功能起着重要的作用。近年来，土地利用变化下的区域生态系统服务价值变化演变规律的研究得到了重视并被广泛开展。其中，生态环境敏感性评价研究已经逐步得到广泛开展，逐渐成为一个热点研究课题。生态环境敏感性，是在自然环境变化和人类社会经济活动干扰的情况下，生态系统的反应程度，反映生态系统环境问题发生的难易程度和概率大小。生态环境敏感性评价，是通过对当前自然环境背景下的潜在生态系统环境问题进行正确认识和分类，再利用一定手段将其环境问题的具体情况准确折射到空间区域上的过程。

土地利用结构变化引起土地利用性质的改变，从而影响土地生态系统环境，必将对包括林地、耕地、草地、水体和湿地在内的生态功能产生影响。将区域气候、土壤、水源、生境等多个生态系统的变化综合到一起，对这些用地的生态系统服务价值进行核算，不仅可以从宏观层面反映生态系统受到土地利用变化的影响，还可以定量地表示出土地利用变化对生态环境的影响。因此，科学评估生态系统的服务价值及其动态变化特征，可为制定合理的生态保护策略提供重要建议和参考，是当前保护生态环境、保障人类福祉、促进社会经济与自然和谐发展的迫切需求之一。

价值在很多领域有特定的形态，包括经济价值、生态价值、社会价值等，它是人类对于自我发展的本质发现、创造与创新的要素本体。土地生态系统服务价值指的是生态系统服务功能的货币化表现形式，在本书中指土地在气体调节、土壤形成与保护、气候调节、水源涵养、废物处理、食物生产、生物多样性保护、原材料、娱乐文化等 9 个方面所具有的生态系统功能价值。

国外有关生态系统服务的研究早于国内，1970 年，联合国大学对生态系统服务功能的概念进行阐述后，Ehrlich、Westman 等众多研究者进行了早期研究并产生了深远的影响，生态系统服务价值的研究日益增多，相关理论与方法也不断涌现。其中最具代表性的是 1997 年 Costanza 等对生态系统服务功能价值评估的研究，Costanza 将多个生态系统综合到一起，分为了 17 类，包括气体调节、气候调节、基因资源、干扰调节、水调节、休闲娱乐、水供给、文化等生态系统服务。该研究推动了国内学者对生态系统服务功能及其价值的深入评价，为之后一系列生态服务价值的剖析提供了概念基础和理论支持。进入 21 世纪后，国外学者在全球和区域尺度，单个生态系统尺度，生态服务价值预测方面，单项服务价值方面，服务价值与经济、社会等的联系方面，生态系统服务价值的时间和空间异质性方面开展了大量的研究工作。如：Heina 在 2006 年开展了生态系统服务价值与尺度和利益相关者之间的研究；2003 年，Lal 对太平洋沿岸红树林生态服务价值展开了研究，并提出服务价值对环境决策制定的意义等。

国内从 1997 年受 Costanza 等研究的启发，开始正式引入生态系统价值的相关概念、理论和相应的研究方法。如：采用国外的研究思路和参数设计，对我国大型生态系统包括陆地、海洋等生态服务价值进行研究；利用遥感技术对陆地生态系统生态服务价值的研究；徐亚骏和赵景柱等基于大量的研究结果，总结了生态系统服务的定量评估方法，包括物质量评价法、能值分析法、价值量评价法；基于 Costanza 等人对生态系统服务价值分类方法，谢高地等对青藏高原的生态资产价值进行估算等。总之，我国对生态系统服务功能与价值的研究经历了由单个生态系统尺度、单项服务价值方面到多方面，再到现在的与经济、社会等综合研究。分析和评价生态系统服务功能与价值及其变化特征，是国际生态学和生态经济学研究的热点和前沿领域。

1.2.3 土地生态敏感性

生态环境敏感性是生态系统所传达出的一种变化，通过区域自然现象的变化和人们活动产生的影响来展现，表达了地域空间问题的复杂性和可解决性。生态因子对外界干扰的耐受能力即生态敏感性，保持环境质量的前提下，通过生态因子对外来行为的应变能力来对环境敏感性进行分析。生态环境敏感性越高，生态环境受到人类干扰时就更易遭到破坏，这一区域就越要被加强保护。如今全球不同国家和地区大多通过设定生态环境保护规划，进行区域空间敏感性分析来实现地方社会经济建设。

早在 20 世纪 60 年代，生态适宜性分析模型就出现在美国景观建筑大师 McHarg 的著作 *Design With Nature* 中，生态敏感性分析模型就是其中的一种。在 McHarg 的指导下，众多的国外学者开始关注生态敏感性问题，并取得了丰硕的研究成果。Rossi P. 等学者对意大利的利古里亚-艾米利亚亚平宁地区进行了分析，将生态价值及其敏感性程度作为栖息地保护范围的划分依据；Carrington 等基于北非在全新世中期湿地与湿地植物情况，就湿地与湿地植物对气候环境变化的敏感性进行了分析；Biek 通过两类生态敏感性，对脊椎动物的数量下降现象进行了分析。

国外生态敏感性研究主要是集中在具体的生态环境问题，如在大陆架生态敏感性、农业和水文生态系统对于气候动态变化的敏感性、印度气候和农业的敏感性等诸多方面进行了相关领域的研究。在研究方法上，国外大多运用数学建模，如 Gordon B. 等学者在对阿拉斯加森林对于气温和降水量变化的敏感性研究中，采用了植被格局和环境过程的动态演变模型；Barreto 等依据大量目标结果决定的空间相似模型，构建了生态敏感性评价指标体系；在 1960 年到 1980 年间，Kumar 选择了气候、土壤、农业收入等控制因子建立数学模型，针对印度农业对气候的敏感性进行了时间、空间序列的深入研究。国外在生态敏感性研究上不仅为区域生态环境协调发展提供了依据，同时也给我们在进行生态环境敏感性研究的过程中提供了很多有意义的研究方法和方向。

根据研究对象的不同，生态环境敏感性评价可以归为三类：一是针对单一生态环境问题进行敏感性评价；二是针对某种特定场地进行的景观生态敏感性评价；三是针对特殊、典型的城市生态系统进行敏感性评价。

在国内，主要对单一生态环境问题的敏感性分析相对较多，特别是针对土壤侵蚀、酸雨问题的研究较多，据此划分生态敏感性等级，进而确定不同生态敏感性分区。另外在土壤盐渍化、酸沉降、地质环境敏感性、土地沙漠化以及水土流失等环境问题的敏感性方面也有大量的研究。近年来，在地理信息系统技术的支持下，学者只针对某一区域生态系统存在的主要生态问题，采用层次分析法（AHP）、模糊层次分析法、德尔菲法或变异系数法等方法确定各敏感性因子权重，展开了一系列生态环境敏感性的综合研究。杨月圆等基于 2003 年云南省生态环境现状调查资料，选取了水环境、石漠化、土壤侵蚀、生物多样性和地质灾害 5 个评价因子，分别用单因子与综合评价方法对云南省土地生态敏感性进行评价；尹海伟等运用地理信息系统（GIS）的单因子叠加方法，对吴江东部地区的生态敏感性进行综合研究；颜磊等选取了水土流失、土地沙化、河流水量水质、泥石流、濒危物种、路网、采矿 7 个评价指标，对北京市生态敏感性程度以及空间分布状况进行了研究。

从研究尺度上来看，研究多集中在自然流域、生态保护区或国家、市级等大尺度上，而针对小尺度范围内的县、风景区、小流域生态环境敏感性的研究还相对较少。杨淋等选择了地质灾害、水土流失和土地利用因子，采用 AHP，依托MAPGIS 等技术支持，对湖北省房县进行敏感性评价与区划，并针对不同生态敏感区类型与特征，提出相应的环境保护策略和治理建议；王凯选择坡度、高程、坡向、景观价值等评价因子，利用多因子叠加法，确定了铜山风景区生态敏感性的 4 个不同等级，即极度敏感区、敏感区、低敏感区和不敏感区。目前，对于城市生态敏感性的研究尚属较新的领域。随着各地城市化进程的加快，城市生态建设的推进，人们对生活环境质量的认识和要求不断提高，建设生态城市已经成为社会发展不可逆转的趋势，城市生态敏感性分析也将不断获得重视。

1.2.4　生态功能区划

生态功能区划是以区域生态环境特点为目标，了解区域生态问题及环境对人类活动的反应能力。由于人们对物质生产、经济发展的需要，有必要对自然生态系统进行分类和明确其地理空间格局，从而更有效地对生态系统各类生态服务功能进行维护和管理，支持自然环境对人类生活等行为的维持能力，实现可持续发展。生态功能区划是践行生态文明的重要前提与基础。

人们对自然的认识经历了漫长的过程。19 世纪初，霍迈尔（H. G. Hommever）发展了单元内部分区，并提出了在地球自然表面进行区划的概念。在 19 世纪 20

年代，地理学家 Hunboldt 第一次描绘出了全球等温线的分布图，初步有了自然区划的意识。同一时段，Hommever 阐述了现代方法对自然进行区划的理念。这一时期的区划研究缺乏综合性和整体性，局限于单一的自然界表面因素（气候、地貌等）。

1935 年，英国学者 Tansley 阐明了生态系统理论，整个人类生活系统的演变、构成、整合和作用被人们了解。之后，人类生存地域的空间区划方法被用来探讨地面生长作物地域分布的规律，将气温变化作为定位自然环境变化的指标。Orie Loucks 通过分析其他人的理论方法，概括地分析了各空间环境因子之间的联系，以及它们相互作用下生成的生态系统，称其为生态区。1976 年，美国的 Bailey 提出了对环境生态区域进行分块的操作，通过对大气、温度，地形、地表植物、地面泥土等划出了美国生态大区。1979 年，"加拿大生态区"计划完美地画出生态区和生态地区的图片。1991 年，加拿大构建生态框架的陆地成分、气候、主要的植被类型和次大陆规模的地貌构成了这些主要生态系统的最终组成部分。区域被划分为大约 200 个生态区，这些生态区是基于区域地貌、地表地质、气候、植被、土壤、水和动物等特征划分的。该框架的生态区和生态环境已被描绘为 1：750000 的国家地图覆盖范围，用于环境资源管理、监测和建模活动。近年，国外学者也对区域化分析做了不少研究，如：加拿大的 Mathieu 使用景观区域化方法概括和可视化复杂的空间格局，用量化干扰和恢复随时间变化的空间模式，对 1985～2011 年间的扰动事件进行检测和分类，以便了解空间扰动模式如何随时间在景观上变化；Mamat 以自然保护区理论为基础，通过对生态环境状况和空间变异运用敏感性分析方法，对吐鲁番地区的遗址进行了区划。

我国开始进行生态功能区划的研究比国外晚，但这方面的研究进展很快，获得了不少的研究成果并达到了预定的规划。竺可桢 1930 年发表了《中国气候区域论》，在此之后我国学者就开始了对区划方法的研究。黄秉维先生的《中国之植物区域》，首次按植被类型进行了区划。

20 世纪 50 年代到 60 年代期间，科学技术发展迅速，研究手段不断进步，很多学者通过实地考察和监测对自然区域进行研究，提出一系列区划原则和指标体系，其中罗开富的《中国自然地理区划草案》依据季风将全国划分为东西两大半壁；《中国综合自然区划（初稿）》涉及了气温气候、水体、地质地貌等八个影响因子，对服务的对象尤为具体。步入 20 世纪 80 年代后，为适应环境的持久性发展和让人类生存条件更加和谐，我国对地域区划的研究逐渐将各种生态相关的原理、方法等纳入生态区划系统中。侯学煜于 1988 年将国家地域划分 6 个温度带，22 个生态区。

从全局来看，在对生态区划处理方法上，研究人员经常偏向于分析地域的自然环境条件，对于因人类自身的行为活动对环境产生的影响却鲜有着墨，包括生态敏感性、自然对人类提供的效益和相应的以货币往来为基础的商业活动等。研究者首先需要详细调查人们生产行为造成生态破坏的缘由，在此基础上去处理解决问题，才能促进人类在自然环境与生产经济方面的可持续发展。2002 年 8 月，国家环境保护总局公布了《关于开展生态功能区划工作的通知》，次年 8 月，国家环境保护总局又发布了《关于开展中东部地区生态功能区划的函》，开始了中东部地区生态功能区划的编制。在十八届三中全会中，党提出了紧盯问题攻坚、落实治理责任、强化制度保障等举措来推进建设人与自然和谐共生的现代化，实现人与自然的和谐发展。2008 年，环境保护部印发《全国生态功能区划》，在全国范围内开展生态功能区划的相关工作。

21 世纪初，我国的研究者对生态功能区的划分进行了大量的研究。李姣等分析了洞庭湖湖区生态功能区划依据，用地理信息系统的空间叠置法来绘制生态功能区划图。郜国玉将河南省范围划分为三级生态功能区。万峻等将太子河流域划分为 17 个水生态功能三级区。吴国玺等提出生态城市功能区规划方案，将禹州市生态功能区划分 6 个生态功能区。在生态功能区划的目标方面，有张毓涛对水源林地的区划，阚兴龙等对流域生态环境，以及对草地、湿地生态功能的区划。在生态功能区划的研究区域范围方面，省域、市域、县域层次均有大量研究成果。

1.2.5　区域生态安全

在全球快速城市化的背景下，地球资源与环境的消耗和破坏速度也随之不断增加。如何实现区域环境与发展、环境安全与发展之间的和谐成为重点话题。因此，生态安全问题开始被越来越多的学者和政府重视，并成为众多学科研究的热点。

生态安全与人类未来生存安全密切相关，已经与军事安全、经济安全、政治安全、国防安全并列成为突出的议题。在十二届全国人大立法项目中，就有18％以上的立法项目涉及环境生态保护。2017 年，环境保护部、国土资源部等 7个部门在全国联合组织开展了名为"绿盾 2017"的国家级自然保护区监督检查专项行动。国家已经越来越重视生态环境建设，生态环境建设已经列入国家未来发展目标。

美国环境学家 Lester R. Brow 于 1977 年首次提出生态安全的概念，而生态安全的定义则在 1989 年由国际应用系统分析研究所（IIASA）提出，是指在人的生活、健康、安乐、基本权利、生活保障来源、必要资源、社会秩序和人类适应环境变化的能力等方面不受威胁的状态，包括自然生态安全、经济生态安全和社会生态安全。随后各国的环境专家及学者又对其内容进行补充。目前国际上被广泛认同的生态安全定义有两种：一种是比较狭义的理解，单指生态系统本身的安全；另一种是比较广义的理解，以美国 IIASA 提出的定义为代表，生态安全不单指生态系统本身的安全，还包括社会、自然和经济的生态安全。

美国很早就意识到环境问题可能会对其国家安全构成威胁，在 20 世纪 90 年代初就已将环境问题列入外交政策的核心，并在政府设立了环境与安全方面的新机构，如国家安全委员会下的全球环境事务理事会，国务卿全球事务下的办公室以及国防部的环境安全办公室。联合国官员也曾表示环境退化、自然资源缺乏、人口增长、国家利益和安全的相互作用正在引起人们的关注。国外学者较早地将生态安全与河流、气候、城市建设等相结合对区域的生态安全进行研究，如 Nichols Susan J. 以澳大利亚河流评估系统的开发为案例，研究河流健康与生态安全的关系。Mcdonald Matt 通过将气候变化与生态安全相联系，提出了如何应对气候变化与安全关系的方案。Laverov N. P. 对使用火箭和航天器所产生的生态问题与空间生态安全相联系进行了分析研究。Hodson Mike 将城市生态安全与弹性基础设施相联系，对城市的生态安全进行研究。

我国对生态安全问题的研究最早是在 20 世纪 90 年代后期，对于生态安全评价研究内容主要以土地生态安全评价、森林生态安全评价以及区域生态安全评价为主。我国学者崔胜辉认为生态风险和生态脆弱性是生态安全的本质，通过脆弱性分析与评价，利用合适的方法改善脆弱性、降低风险是生态安全研究的主要内容。乌云嘎等采用 DPSIR 模型研究了湖北省耕地的生态安全时空演变特性。陈美婷等采用 PBF 模型对广东省生态安全时空演变进行了预警研究。周飞等对湛江市土地资源生态安全进行了评价，并分析影响该市土地资源安全的限制因素。毛梦祺以江苏省沛县为例对区域土地景观生态安全进行了评价，并进行了区域土地景观格局模拟与优化研究。冯彦等采用 PSR 模型对湖北省县域森林生态安全进行了评价并分析了其时空演变特性。国内对生态安全的研究起步较晚，且研究系统尚不完善，不论是指标的选取还是研究模型的确定，基本取决于研究者的主观判断。目前对于生态安全的研究主要以对不同要素（如土地、森林等）的评价，以及较小区域的生态安全研究为主，对于跨省市的经济圈的生态安全研究很少。在生态调控方面，大多集中在经济和政策上的调控。

1.2.6　地学信息图谱

地学信息图谱的诞生既是地图学、地球信息科学、"3S"等学科和技术发展的内在动力驱使的结果，也受地球科学中日益增长的对形象思维与抽象思维结合方法的需求的影响，更受相邻学科（例如生物学、生命科学、医学、物理学、化学等）的图谱的启发。

实际上，图谱古已有之，中医学有穴位图，京剧有脸谱，物理学中有光谱、色谱、电磁波谱与物理图谱等。地学中也已有地学图谱的雏形。但正式提出地学信息图谱的概念，是陈述彭院士于 1996 年受到马俊如院士的启发后完成的。当时马俊如院士提出：生命科学成功地研究基因图谱，化学也早已有元素周期表，但地理学中只有地图，却不曾听说有图谱，地理科学为什么只定位在复杂的、开放巨系统的层次上，能不能也给复杂的地学问题提出简单的表达？应该研究一下地学领域的图谱问题。

1997 年初陈述彭院士主持组织地理所联合北京大学、浙江大学，以地学信息图谱为主题申报"973"国家重大基础研究项目，并组织过初步的研究与探讨，发表过若干篇论文。在 1999 年的香山科学会议上陈述彭院士曾经组织过讨论。在 2000 年又邀请专家商讨启动和策划。例如资源环境与信息国家重点试验室以中国地震数据库为基础，探讨中国地震空间组合图谱；针对泥沙发育特征，研究动力学图谱等。张百平研究员主要研究从建立山地基本地理信息单元开始，研究山地垂直带信息图谱，并根据需要研究空间结构组合。主要从基于山地基本地理信息单元的景观空间结构变化研究图谱。刘高焕等主要利用遥感技术研究黄河三角洲的动态变化图谱。齐清文等初步探讨过地理客体的时空谱系、地学信息图谱与数字地球的关系以及地学信息图谱的建立等。近期一直着力研究从国家自然地图集数据中提取地学图谱，以及建立中国典型区域地学信息图谱库的理论和方法。

因此，地学信息图谱是中国科学家的首创，是中国古代的整体性的"天人合一"哲学思想、历史悠久的形象思维与现代高精度理性分析相结合的产物。它继承了传统地学图谱图形思维方法，同时在遥感图像与地理信息系统基础上，实现全数字化定量分析，通过动态仿真与虚拟分析等技术的集成，去提高数据挖掘与知识发现的科学水平，从而为地球系统科学提供了一种运用于空间时代、信息社会的地球信息科学的新方法，也为设计深加工的地学信息新产品，适应信息高速公路、网络全球化的社会需求，提供高层次的信息产品。

从应用角度来看，地学信息图谱是地球信息科学和数字地球更高度的综合集成形式，也是数字地球应用的重要手段。地学信息图谱的研究，最终是以解决人口、资源与环境问题，实现国家或地区的可持续发展为目标的。

参考文献

[1] TURNER B L，MOSS R H，SKOLE D L. Relating land use and global land-cover change：a proposal for an IGBP-HDP core project [J]. Global Change Report (Sweden)，1993.

[2] 刘纪远，张增祥，庄大方，等. 20世纪90年代中国土地利用变化时空特征及其成因分析 [J]. 地理研究，2003（1）：1-12.

[3] 王丹丹，袁希平，甘淑. 云南沿边境地带小流域LUCC遥感监测试验研究 [J]. 地矿测绘，2007（1）：4-7.

[4] OTSUBO K. Towards land-use for global environmental conservation (LU/GEC) project [C] //Proceedings of the Workshop on Land-Use for Global Environmental Conservation. Tsukuba，Japan. 1994：17-20.

[5] 庄大方，邓祥征，战金艳，等. 北京市土地利用变化的空间分布特征 [J]. 地理研究，2002，21（6）：667-674.

[6] 贾铁飞，郑辛酉，倪少春. 上海城市边缘区样带LUCC的生态效应分析 [J]. 地理与地理信息科学，2006，22（4）：84-88.

[7] 史培军，陈晋，潘耀忠. 深圳市土地利用变化机制分析 [J]. 地理学报，2000，55（2）：151-160.

[8] EHRLICH P R. Extinction：the causes and consequences of the disappearance of species [R]. New York：Random House，1981.

[9] DAILY G C. Nature's services：societal dependence on natural ecosystems (1997) [M]. New Haven：Yale University Press，2013.

[10] 张永雪. 南沙渔业湿地生态系统服务价值评估 [D]. 大连：大连海洋大学，2014.

[11] 吴蒙，车越，杨凯. 基于生态系统服务价值的城市土地空间分区优化研究——以上海市宝山区为例 [J]. 资源科学，2013，35（12）：2390-2396.

[12] REID W V，MOONEY H A，CROPPER A，et al. Ecosystems and human well-being：synthesis：a report of the Millennium Ecosystem Assessment [M]. Washington，D. C.：Island Press，2005.

[13] 郑华，李屹峰，欧阳志云，等. 生态系统服务功能管理研究进展 [J]. 生态学报，

2013，33（3）：702-710.

[14] COSTANZA R，D'ARGE R，DE GROOT R，et al. The value of the world's ecosystem services and natural capital [J] . Nature，1997，387（6630）：253-260.

[15] 李屹峰，罗跃初，刘纲，等.土地利用变化对生态系统服务功能的影响——以密云水库流域为例 [J] . 生态学报，2013，33（3）：726-736.

[16] GASCOIGNE W R，HOAG D，KOONTZ L，et al. Valuing ecosystem and economic services across land-use scenarios in the Prairie Pothole Region of the Dakotas，USA [J] . Ecological Economics，2011，70（10）：1715-1725.

[17] 赵予爽，刘春霞，李月臣，等.重庆市生态系统服务功能重要性评价 [J] . 重庆师范大学学报（自然科学版），2017，34（3）：44-53.

[18] 宋豫秦，张晓蕾.论湿地生态系统服务的多维度价值评估方法 [J] . 生态学报，2014，34（6）：1352-1360.

[19] 刘旭，赵桂慎，邓永智，等.基于GIS技术的区域生态系统服务价值动态评估方法研究 [J] . 生态经济（学术版），2012（1）：375-380.

[20] 师庆三.干旱区景观尺度下生态系统服务功能价值评价体系构建与应用初步研究 [D] . 乌鲁木齐：新疆大学，2010.

[21] 王玉，傅碧天，吕永鹏，等.基于SolVES模型的生态系统服务社会价值评估——以吴淞炮台湾湿地森林公园为例 [J] . 应用生态学报，2016，27（6）：1767-1774.

[22] 赵金龙，王泺鑫，韩海荣，等.森林生态系统服务功能价值评估研究进展与趋势 [J] . 生态学杂志，2013，32（8）：2229-2237.

[23] 王兵，鲁绍伟，尤文忠，等.辽宁省森林生态系统服务价值评估 [J] . 应用生态学报，2010（7）：1792-1798.

[24] 刘兴元，牟月亭.草地生态系统服务功能及其价值评估研究进展 [J] . 草业学报，2012，21（6）：286-295.

[25] 陈春阳，陶泽兴，王焕炯，等.三江源地区草地生态系统服务价值评估 [J] . 地理科学进展，2012，31（7）：978-984.

[26] 江波，张路，欧阳志云.青海湖湿地生态系统服务价值评估 [J] . 应用生态学报，2015，26（10）：3137-3144.

[27] 丁冬静，李玫，廖宝文，等.海南省滨海自然湿地生态系统服务功能价值评估 [J] . 生态环境学报，2015，24（9）：1472-1477.

[28] 张东，李晓赛，陈亚恒.怀来县农田生态系统服务价值分类评估 [J] . 水土保持研究，2016，23（1）：234-239.

[29] 岳东霞，杜军，巩杰，等.民勤绿洲农田生态系统服务价值变化及其影响因子的回归分析 [J] . 生态学报，2011，31（9）：2567-2575.

[30] 彭建，王仰麟，陈燕飞，等.城市生态系统服务功能价值评估初探——以深圳市为例 [J] . 北京大学学报（自然科学版），2005，41（4）：594-604.

[31] 魏慧，赵文武，张骁，等.基于土地利用变化的区域生态系统服务价值评价——以山

东省德州市为例 [J]. 生态学报，2017，37（11）：3830-3839.

[32] SEPPELT R，DORMANN C F，EPPINK F V，et al. A quantitative review of ecosystem service studies：approaches，shortcomings and the road ahead [J]. Journal of Applied Ecology，2011，48（3）：630-636.

[33] FISHER B，TURNER R K，MORLING P. Defining and classifying ecosystem services for decision making [J]. Ecological Economics，2009，68（3）：643-653.

[34] 黄湘，陈亚宁，马建新. 西北干旱区典型流域生态系统服务价值变化 [J]. 自然资源学报，2014，26（8）：1364-1376.

[35] LI R Q，DONG M，CUI J Y，et al. Quantification of the impact of land-use changes on ecosystem services：a case study in Pingbian County，China [J]. Environmental Monitoring and Assessment，2007，128（1）：503-510.

[36] 喻建华，高中贵，张露，等. 昆山市生态系统服务价值变化研究 [J]. 长江流域资源与环境，2005，14（2）：213-217.

[37] 蔡邦成，陆根法，宋莉娟，等. 土地利用变化对昆山生态系统服务价值的影响 [J]. 生态学报，2006，26（9）：3005-3010.

[38] 闵捷，高魏，李晓云，等. 武汉市土地利用与生态系统服务价值的时空变化分析 [J]. 水土保持学报，2006，20（4）：170-174.

[39] 肖玉，谢高地，安凯. 莽措湖流域生态系统服务功能经济价值变化研究 [J]. 应用生态学报，2003，14（5）：676-680.

[40] 王宗明，张树清，张柏. 土地利用变化对三江平原生态系统服务价值的影响 [J]. 中国环境科学，2004，24（1）：125-128.

[41] 欧阳志云，王效科. 中国生态环境敏感性及其区域差异规律研究 [J]. 生态学报，2000，20（1）：9-12.

[42] 徐广才，康慕谊，赵从举，等. 阜康市生态敏感性评价研究 [J]. 北京师范大学学报（自然科学版），2007，43（1）：88-92.

[43] HEIN L，VAN KOPPEN K，DE GROOT R S，et al. Spatial scales，stakeholders and the valuation of ecosystem services [J]. Ecological Economics，2006，57（2）：209-228.

[44] Lal P. Economic valuation of mangroves and decision-making in the Pacific [J]. Ocean & Coastal Management，2003，46（9-10）：823-844.

[45] 陈仲新，张新时. 中国生态系统效益的价值 [J]. 科学通报，2000，45（1）：17-22.

[46] 赵景柱，徐亚骏，肖寒，等. 基于可持续发展综合国力的生态系统服务评价研究——13个国家生态系统服务价值的测算 [J]. 系统工程理论与实践，2003，23（1）：121-127.

[47] Ouy Z Y，Wang X K，Miao H. China's eco-environmental sensitivity and its spatial heterogeneity [J]. Acta Ecologica Sinica，2000，20（1）：9-12.

[48] 肖小林，兰安军，熊康宁. 基于 GIS 的邢江河流域生态环境敏感性分析 [J]. 人民长江，2015，46（9）：68-72.

[49] 王乐滨，袁博，葛大兵，等. 基于"3S"技术的炎陵县生态敏感性分析 [J]. 湖南农

业科学：上半月，2013（3）：124-127.

［50］ 刘军会，高吉喜，马苏，等．内蒙古生态环境敏感性综合评价［J］．中国环境科学，2015，35（2）：591-598.

［51］ 于瑶，郭泺，周苏龙，等．基于 GIS 的青海省黄南藏族自治州生态敏感性评价［J］．西南林业大学学报，2015，35（2）：48-54.

［52］ ROSSI P，PECCI A，AMADIO V，et al. Coupling indicators of ecological value and ecological sensitivity with indicators of demographic pressure in the demarcation of new areas to be protected：the case of the Oltrepo Pavese and the Ligurian-Emilian Apennine area（Italy）［J］．Landscape and Urban Planning，2008，85（1）：12-26.

［53］ CARRINGTON D P，GALLIMORE R G，KUTZBACH J E. Climate sensitivity to wetlands and wetland vegetation in mid-Holocene North Africa［J］．Climate Dynamics，2001，17（2）：151-157.

［54］ BIEK R，FUNK W C，MAXELL B A，et al. What is missing in amphibian decline research：insights from ecological sensitivity analysis［J］．Conservation Biology，2002，16（3）：728-734.

［55］ VILA R E. Ecological sensitivity atlas of the Argentine continental shelf［J］．International Hydrographic Review，1996，69（2）：47-53.

［56］ MUZIK I. Sensitivity of hydrologic systems to climate change［J］．Canadian Water Resources Journal，2001，26（2）：233-252.

［57］ KUMAR K K，PARIKH J. Indian agriculture and climate sensitivity［J］．Global Environmental Change，2001，11（2）：147-154.

［58］ BONAN G B，SHUGART H H，URBAN D L. The sensitivity of some high-latitude boreal forests to climatic parameters［J］．Climatic Change，1990，16（1）：9-29.

［59］ KONAGAYA K，MORITA H，OTSUBO K. Chinese land use structure and the generalized thunen-ricardo model［J］．Environmental Systems Research，1999，27：513-520.

［60］ 王佳旭，徐坚．高原湖泊流域人居环境生态敏感性评价及空间优化研究［D］．昆明：云南大学，2015.

［61］ 达良俊，李丽娜，李万莲，等．城市生态敏感区定义，类型与应用实例［J］．华东师范大学学报（自然科学版），2004（2）：97-103.

［62］ 刘耀龙，王军，许世远，等．黄河靖南峡-黑山峡河段的生态敏感性［J］．应用生态学报，2009，20（1）：113-120.

［63］ 罗先香，邓伟．松嫩平原西部土壤盐渍化动态敏感性分析与预测［J］．水土保持学报，2000，14（3）：36-40.

［64］ 郝吉明，谢绍东．中国土壤对酸沉降的相对敏感性区划［J］．环境科学，1999，20（4）：1-5.

［65］ 陈定茂，谢绍东，胡泳涛．生态系统对酸沉降敏感性评价方法与进展［J］．环境科学，1998，19（5）：92-96.

［66］ 王思敬，戴福初．环境工程地质评价，预测与对策分析［J］．地质灾害与环境保护，1997，8（1）：27-34.

［67］ 王让会，樊自立．塔里木河流域生态脆弱性评价研究［J］．干旱环境监测，1998，12（4）：218-223.

［68］ 杨月圆，王金亮，杨丙丰．云南省土地生态敏感性评价［J］．生态学报，2008，28（5）：2253-2260.

［69］ 尹海伟，徐建刚，陈昌勇，等．基于 GIS 的吴江东部地区生态敏感性分析［J］．地理科学，2006，26（1）：64-69.

［70］ 颜磊，许学工，谢正磊，等．北京市域生态敏感性综合评价［J］．生态学报，2009，29（6）：3117-3125.

［71］ 杨淋，王占岐，冯小红．基于 MAPGIS 的湖北房县土地生态环境敏感性分析［J］．环境科学与管理，2008，33（11）：153-157.

［72］ 阚兴龙，周永章．北部湾南流江流域生态功能区划［J］．热带地理，2013，33（5）：588-595.

［73］ BAILEY R G. Ecosystem geography：from ecoregions to sites［M］.Berlin：Springer Science & Business Media，2009.

［74］ 李昆．梁子湖区生态功能区划研究［D］．武汉：湖北大学，2014.

［75］ WICKWARE G M, RUBEC C D A. Ecoregions of Ontario. Ecological land classification series 26［J］.Sustainable Development Branch，Environment Canada，Ottawa，Ontario，1989.

［76］ BAILEY R G. Ecoregions of North America［M］.Washington，D. C.：US Department of Agriculture，Forest Service，1998.

［77］ MARSHALL I B，SCOTT SMITH C A，SELBY C J. A national framework for monitoring and reporting on environmental sustainability in Canada［J］.Environmental Monitoring and Assessment，1996，39（1-3）：25-38.

［78］ BOURBONNAIS M L，NELSON T A，STENHOUSE G B，et al. Characterizing spatial-temporal patterns of landscape disturbance and recovery in western Alberta，Canada using a functional data analysis approach and remotely sensed data［J］.Ecological Informatics，2017，39：140-150.

［79］ MAMAT K，DU P，DING J. Ecological function regionalization of cultural heritage sites in Turpan，China，based on GIS［J］.Arabian Journal of Geosciences，2017，10（4）：90.

［80］ 卢鋈．中国气候区域新论［J］．地理学报，1946，13：1-10.

［81］ 黄秉维．中国之植物区域（上）［J］．史地杂志，1940，1（3）：19-30.

［82］ 黄秉维．中国综合自然区划的初步草案［J］．地理学报，1958，24（4）：348-365.

［83］ 侯学煜．中国自然生态区划与大农业发展战略［M］．北京：科学出版社，1988.

［84］ 任鑫．长子县生态功能区划研究［D］．太原：太原理工大学，2012.

[85]   李姣，张灿明，罗佳. 洞庭湖生态经济区生态功能区划研究 [J]. 中南林业科技大学学报，2013，33（6）：97-103.

[86]   郜国玉，赵勇. 河南省生态功能区划研究 [D]. 郑州：河南农业大学，2010.

[87]   万峻，张远，孔维静，等. 流域水生态功能Ⅲ级区划分技术 [J]. 环境科学研究，2013，26（5）：480-486.

[88]   吴国玺，余显显，马海波，等. 基于生态安全的禹州市生态功能区规划 [J]. 许昌学院学报，2017，36（5）：100-105.

[89]   张毓涛，常顺利，王智，等. 乌鲁木齐河水源林地生态功能区划研究 [J]. 林业资源管理，2012，1：75-80.

[90]   张青青，于辉，安沙舟，等. 玛纳斯河流域草地生态功能区划研究 [J]. 新疆农业科学，2017，54（5）：969-977.

[91]   汪辉，梁会民，徐银龙，等. 盐城珍禽湿地生态适宜性分析与功能区划 [J]. 林业科技开发，2015，29（4）：145.

[92]   杨伟州，邱硕，付喜厅，等. 河北省生态功能区划研究 [J]. 水土保持研究，2016，23（4）：269-276.

[93]   张欣，徐宗学，殷旭旺，等. 济南市水生态功能区划研究 [J]. 北京师范大学学报：自然科学版，2016，52（3）：303-310.

[94]   李小玲. 西部县域生态功能区划研究 [J]. 湖北农业科学，2014，53（20）：4838-4840.

[95]   吕文利. 长三角城市群城市生态安全评价与比较研究 [D]. 上海：华东师范大学，2014.

[96]   PHOSRI A，UEDA K，PHUNG V L H，et al. Effects of ambient air pollution on daily hospital admissions for respiratory and cardiovascular diseases in Bangkok，Thailand [J]. Science of the Total Environment，2019，651：1144-1153.

[97]   TUANSHENG C S L. Advances in research of land degradation [J]. Journal of Arid Land Resources and Environment，2004，18（3）：38-43.

[98]   SHEN M，YANG Y. The water pollution policy regime shift and boundary pollution：Evidence from the change of water pollution levels in China [J]. Sustainability，2017，9（8）：1469.

[99]   CAILING F. Study on the greenhouses effect and its prevention [J]. Journal of Anhui Agricultural Sciences，2006，34（20）：5351.

[100]   NAGAO I，MATSUMOTO K，TANAKA H. Sunrise ozone destruction found in the sub-tropical marine boundary layer [J]. Geophysical Research Letters，1999，26（22）：3377-3380.

[101]   柳嵩，张永战. 西安地区水资源短缺的原因与对策 [J]. 水资源保护，2015，31（01）：114-118.

[102]   兰叶霞. 基于生态足迹的江西省生态安全时空动态定量研究 [D]. 西安：陕西师范

大学，2006.

[103] 张淼．上海奉贤新城建设与发展回顾 [J]．传播力研究，2017（10）：235-235.

[104] 赵明月，王文杰，王维，等．基于土地利用的水府庙水库流域生态安全评价 [J]．环境工程技术学报，2015，5（1）：38-45.

[105] 吴平平．我国生态安全评价研究进展 [J]．环境与发展，2018，30（3）：190-191＋193.

[106] 魏彬，杨校生，吴明，等．生态安全评价方法研究进展 [J]．湖南农业大学学报（自然科学版），2009，35（5）：572-579.

[107] 符芳云，邹冬生，董成森，等．湖南西部可持续发展的生态安全评价探讨 [J]．湖南农业科学，2008（2）：98-101.

[108] 胡秀芳，赵军，钱鹏，等．草原生态安全理论与评价研究 [J]．干旱区资源与环境，2007，21（4）：93-97.

[109] 杜黎明．GIS 和 RS 支持下的快速城市化区域生态安全综合评价与预警 [D]．阜新：辽宁工程技术大学，2011.

[110] 陈星，周成虎．生态安全：国内外研究综述 [J]．地理科学进展，2005，24（6）：8-20.

[111] NICHOLS S J, DYER F J. Contribution of national bioassessment approaches for assessing ecological water security: an AUSRIVAS case study [J]. Frontiers of Environmental Science & Engineering，2013，7（5）：669-687.

[112] MCDONALD M. Climate change and security: towards ecological security? [J]. International Theory，2018，10（2）：153-180.

[113] LAVEROV N P, ALFEROV A V. Effect of space activity on the ecological safety of Russia [J]. Earth Observation and Remote Sensing，1996，13（5）：761-782.

[114] HODSON M, MARVIN S. Urban ecological security-a new urban paradigm? [J]. International Journal of Urban and Regional Research，2009，33（1）：193-215.

[115] 余文波，蔡海生，张莹，等．湖北省土地生态安全预警评价及调控 [J]．环境科学与技术，2018，41（2）：189-196.

[116] 张虹波，刘黎明．土地资源生态安全研究进展与展望 [J]．地理科学进展，2006，25（5）：77-85.

[117] 冯彦，郑洁，祝凌云，等．基于 PSR 模型的湖北省县域森林生态安全评价及时空演变 [J]．经济地理，2017，37（2）：171-178.

[118] 李洁，赵锐锋，梁丹，等．兰州市城市土地生态安全评价与时空动态研究 [J]．地域研究与开发，2018，37（2）：151-157.

[119] 刘心竹，米锋，张爽，等．基于有害干扰的中国省域森林生态安全评价 [J]．生态学报，2014，34（11）：3115-3127.

[120] LIANG P, LIMING D, GUIJIE Y. Ecological security assessment of Beijing based on PSR model [J]. Procedia Environmental Sciences，2010，2：832-841.

[121]　魏然.淅川县生态安全评价及调控措施[D].郑州:华北水利水电大学,2018.

[122]　肖笃宁,陈文波,郭福良.论生态安全的基本概念和研究内容[J].应用生态学报,2002,13(3):354-358.

[123]　王志宪,虞孝感,徐科峰,等.长江三角洲地区可持续发展的态势与对策[J].地理学报,2005,60(3):381-391.

[124]　赵红梅,孙米强.长江三角洲环境污染治理的博弈分析[J].环境与可持续发展,2006(5):36-38.

[125]　蔡崇玺,陈燕.生态安全的研究进展与展望[J].环境科学与管理,2010,35(2):126-129.

[126]　陈述彭,岳天祥,励惠国.地学信息图谱研究及其应用[J].地理研究,2000,19(4):337-343.

[127]　陈述彭.地学信息图谱探索研究[M].北京:商务印书馆,2001.

[128]　齐清文,池天河.地学信息图谱的理论和方法[J].地理学报,2001,56(B09):8-18.

[129]　杨桂山.长江三角洲耕地数量变化趋势及总量动态平衡前景分析[J].自然资源学报,2002,17(5):525-532.

[130]　班茂盛,方创琳.长三角大都市带人口容量与资源环境支撑能力建设[J].长江流域资源与环境,2008,17(4):501-505.

[131]　张百平,姚永慧,莫申国,等.数字山地垂直带谱及其体系的探索[J].山地学报,2002,20(6):660-665.

[132]　叶庆华,刘高焕,田国良,等.黄河三角洲土地利用时空复合变化图谱分析[J].中国科学(D辑:地球科学),2004,34(5):461-474.

[133]　廖克.中国自然景观综合信息图谱的建立原则与方法[J].地理学报,2001,56(B09):19-25.

[134]　齐清文.地学信息图谱的最新进展[J].测绘科学,2004,29(6):15-23.

[135]　陈燕,齐清文,杨桂山.地学信息图谱时空维的诠释与应用[J].地球科学进展,2006,21(1):10-13.

[136]　陈燕,齐清文,杨桂山.基于遥感图像处理的图谱单元提取与分析[J].水土保持学报,2006,20(2):193-196.

[137]　陈燕,齐清文,杨桂山.地学信息图谱的基础理论探讨[J].地理科学,26(3):306-310.

[138]　陈燕,齐清文,汤国安.黄土高原坡度转换图谱研究[J].干旱地区农业研究,2004,22(3):180-185.

[139]　陈燕,谭玉敏,宋新山,等.基于遥感图像的地学信息单元特征提取与识别[J].武汉理工大学学报(交通科学与工程版),2008,32(6):1021-1024.

[140]　陈毓芬,廖克.中国自然景观综合信息图谱研究[J].地球信息科学,2003,5(3):97-102.

[141]　黄勇，汪洋，赵万民.城市拓展空间信息图谱的建构与诊断［J］.土木建筑与环境工程，2009，31（3）：98-103.

[142]　卢斌莹，陈正江，袁勘省，等.陕西省城镇与交通信息图谱的建立与分析［J］.地球信息科学，2007，9（2）：96-100.

[143]　CLARK J S，CARPENTER S R，BARBER M，et al. Ecological forecasts：an emerging imperative［J］.Science，2001，293（5530）：657-660.

[144]　SCHRAD M L. Threat level green：conceding ecology for security in Eastern Europe and the former Soviet Union［J］.Global Environmental Change，2006，16（4）：400-422.

[145]　PIRAGES D，COUSINS K. From resource scarcity to ecological security：exploring new limits to growth［M］.Cambridge，MA：MIT Press，2005.

[146]　YANG P P J，LAY O B. Applying ecosystem concepts to the planning of industrial areas：a case study of Singapore's Jurong Island［J］.Journal of Cleaner Production，2004，12（8-10）：1011-1023.

[147]　OPDAM P，STEINGRÖVER E，VAN ROOIJ S. Ecological networks：a spatial concept for multi-actor planning of sustainable landscapes［J］.Landscape and Urban Planning，2006，75（3-4）：322-332.

[148]　刘洋，蒙吉军，朱利凯.区域生态安全格局研究进展［J］.生态学报，2010（24）：6980-6989.

[149]　汪朝辉，田定湘，刘艳华.中外生态安全评价对比研究［J］.生态经济，2008（7）：44-49.

[150]　马克明，傅伯杰，黎晓亚，等.区域生态安全格局：概念与理论基础［J］.生态学报，2004，24（4）：761-768.

[151]　黎晓亚，马克明，傅伯杰，等.区域生态安全格局：设计原则与方法［J］.生态学报，2004，24（5）：1055-1062.

[152]　李宗尧，杨桂山，董雅文.经济快速发展地区生态安全格局的构建——以安徽沿江地区为例［J］.自然资源学报，2007，22（1）：106-113.

[153]　HUANG Q，WANG R，REN Z，et al. Regional ecological security assessment based on long periods of ecological footprint analysis［J］.Resources，Conservation and Recycling，2007，51（1）：24-41.

[154]　ZHANG Z，LIU S，DONG S. Ecological security assessment of Yuan river watershed based on landscape pattern and soil erosion［J］.Procedia Environmental Sciences，2010，2：613-618.

第二章

长江三角洲区域概况
及数据源

2.1 自然环境概况

2.1.1 地理位置

长江三角洲位于中国大陆东部沿海、长江入海口处的冲积平原，面积约110800km^2，介于东经116°18′～123°，北纬27°12′～35°20′之间，地处亚热带和暖温带的季风气候区。长江三角洲生物资源较为丰富，区域内有众多国家级、省级自然保护区、风景名胜区，为大量生物提供了栖息地以维持该地的生物多样性；区域内水系发达，以平原和丘陵为主，对土壤保持、水源涵养有重要的作用。核心城市主要包括上海市（简称"上海"），江苏省的南京市（简称"南京"）、苏州市（简称"苏州"）、无锡市（简称"无锡"）、常州市（简称"常州"）、镇江市（简称"镇江"）、扬州市（简称"扬州"）、泰州市（简称"泰州"）、南通市（简称"南通"）以及浙江省的杭州市（简称"杭州"）、嘉兴市（简称"嘉兴"）、湖州市（简称"湖州"）、绍兴市（简称"绍兴"）、宁波市（简称"宁波"）、舟山市（简称"舟山"）、台州市（简称"台州"），共计16个核心城市，其具体空间分布见图2-1。

2.1.2 自然环境与资源

长江三角洲位于河流的下游区域，属于典型的河流堆积地貌，地势较为平坦，自然资源丰富。区域内包含有长江、富春江、钱塘江、淮河、通榆运河、通扬运河、通吕运河、新通扬运河、京杭运河等重要河流，共计30.74km。长江三角洲有36个不同类型不同等级的自然保护区，包括地质遗迹保护区、古生物遗迹保护区、海洋海岸保护区、内陆湿地保护区、森林生态保护区、野生动物保护区以及野生植物保护区等，其中国家级自然保护区6个、省级自然保护区13个、市级自然保护区3个、县级自然保护区14个。长江三角洲拥有丰富的河网系统及自然保护区，区域内物种丰富，物质与能量交换较为频繁。

（1）自然环境

① 地形地貌

长江三角洲区域地貌最主要的是平原和丘陵，还分布有一些台地、岛屿、低山等。其中长江的北边地区平原地形分布较多，而丘陵及低山一般分布在长江的南边和河流两岸地区（图2-2），种植农作物分布情况如图2-3所示。

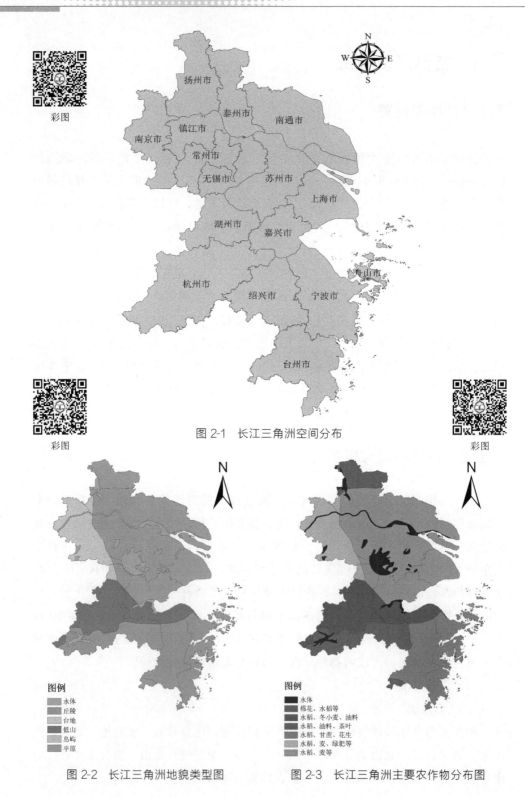

彩图

图 2-1　长江三角洲空间分布

彩图

彩图

图例
- 水体
- 丘陵
- 台地
- 低山
- 岛屿
- 平原

图例
- 水体
- 棉花、水稻等
- 水稻、冬小麦、油料
- 水稻、油料、茶叶
- 水稻、甘蔗、花生
- 水稻、麦、绿肥等
- 水稻、麦等

图 2-2　长江三角洲地貌类型图　　　　图 2-3　长江三角洲主要农作物分布图

上海全境坦荡低平，仅有少数丘陵在其西南部，是长江三角洲冲积平原的一部分。在 2014 年，上海的陆地范围为 6341 万 km²。大金山是上海境内区域最高的地方，高出海平面 103.4m。上海陆地由东向西倾斜，平均海拔高度大约 4m。我国的第三大岛屿崇明岛位于上海，境内还有长沙和横沙等岛屿。

南京、苏州、无锡、常州、镇江、扬州、泰州、南通 8 个城市位于江苏省境内，江苏省整体地形地势低平，河湖众多。南京属宁镇扬丘陵地区，以低山缓岗为主；苏州地处以太湖为中心形成的平原底部，地形平坦；无锡境内多为平原，区域内存在少量的低山和残丘，位置处于长江三角洲江、湖间走廊部分；常州地处长江三角洲中心一带的地区，存有高沙平原，山丘、平圩等地貌；镇江在长江三角洲顶端，位于长江下游南岸，地势为南高北低，西高东低，以丘陵岗地为主；扬州境内有浅水湖地区，地势很低，境内的北部地区有丘陵地形；泰州大都为江淮两大水系冲积平原，仅在靖江有一座独立山丘。

浙江坐拥杭州、宁波等 7 个城市，地形复杂，由西南向东北呈阶梯状倾斜，是全国岛屿最多的省份。舟山地势由西南向东北倾斜，其中舟山岛为我国第四大岛；嘉兴境内地势不高，总体平均高出海平面 2～2.2m；湖州境内分布广阔的平原，散落的低山和丘陵；绍兴境内地势由西南向东北倾斜，在西中东部是山地丘陵，北部则为绍虞平原；宁波南部属浙东丘陵区，有天台和四明山脉，地势呈西南高、东北低趋势。

② 水系

长江三角洲区域河流、湖泊等交错纵横，北部从东到西有淮河水系，南部有钱塘江水系，中间有长江流域，从东到西有京杭大运河。研究区内有洪泽湖和太湖等湖泊，有杭州湾和温州湾等各种港湾。南京河湖水系主要属长江水系；太湖水面绝大部分位于苏州市境内，京杭运河贯通南北；无锡共有大小河道 3100 多条，地表水丰富，水源充足；长江和大运河在镇江交汇；扬州内的京杭大运河经过境内 4 处湖泊，再到长江流域内汇聚；湖州位于太湖流域的西南部；绍兴主要河流有浦阳江、浙东运河等，主要湖泊 30 多个。

③ 气候条件

上海地区属北亚热带季风性气候，气候温和湿润，四季分明，春秋较短，冬夏较长，日照充分。中华人民共和国成立以来，上海极端最高气温为 39.9℃，极端最低气温为 −10.1℃，全年平均气温 17.1℃。上海受冷空气、热带气旋、温带气旋、雷雨大风等影响，具有冬季刮西北风较多，夏季多刮东南风，全年西南风最少，春季平均风速最大，秋季风速最小等特点；全年无霜期约 230 天，降水量 902.9mm，有 60％以上的雨量集中在 6～9 月的汛期。上海地区河湖众多，水网密布，2000 年境内水域面积 1869.28km^2，相当于全市总面积的 23.34％，2014 年为 1872.08km^2，占 22.96％。

浙江地区雨热季节变化同步，气候资源配置多样，季风显著，年气温适中，四季分明，日照充分，雨量丰沛，气候温和湿润。年平均气温 15～18℃，极端最高温度为 33～43℃，极端最低气温为 -2.2～-17.4℃；受西风带和东风带天气系统的双重影响，各种气象灾害频繁发生，是我国受台风、暴雨、冻害、寒潮、大风、冰雹、干旱、龙卷风等灾害影响最严重地区之一；全年平均雨量在 980～2000mm，年平均日照时数 1710～2100h。其中杭州市水域面积最大，主要有钱塘江、西湖、西溪湿地等，达 945.27km^2，相当于浙江地区总面积的 1.74％，为城市的发展提供了充足的水资源。

江苏地区属亚热带湿润季风气候，因受海洋的调节、太阳辐射以及特定的地理位置的影响，具有冬冷夏热、春温多变、秋高气爽、四季分明等特点。平均气温介于 15～16℃，由东北向西南逐渐增高。江苏地区水资源丰富，全国五大淡水湖，江苏地区得其一，太湖 2250km^2，居第三，此外还有大小湖泊 200 多个。水域面积 8318.83km^2，占江苏地区的 16.64％，比例之高成为江苏地区一大地理优势。

④ 土壤

长江三角洲的土质主要有粉土、砂粉土、粉黏土、壤黏土、砂黏土、黏土、细砂土、砂壤土和粗砂土（如图 2-4），大致呈南北方向排列、东西方向伸展的条带状分布。砂粉土和粉黏土主要分布在上海、苏州、无锡、常州以及嘉兴等太湖周边地区；砂粉土和细砂土主要分布在南通、泰州等长江以北一带；长江三角洲南边主要以粗砂土、砂壤土为主。长江三角洲土地肥沃、自然肥力较高，自南而北主要类型是富铝化、酸性的红壤、黄壤，以及弱富铝化、黏化的酸性土壤——黄棕壤性水稻土。

长江三角洲植被主要处于北亚热带常绿落叶阔叶混交林带和中亚热带常绿阔叶林带两个植被地带，北部小部分区域为暖温带落叶阔叶林带。植被生物量空间分布总体呈现南高北低的态势，沿各地市建成区周边生物量相对较低，主要由快速城市化侵占耕地植被引起。

（2）自然资源

① 滩涂滩地资源。2000 年滩涂总面积 1119.11km^2，滩地 812.55km^2，分别占长江三角洲的 0.99％、0.72％，到 2014 年分别达到 1391.85km^2 和 777.60km^2，隶属于上海崇明区，江苏南通、浙江宁波等县（市）的沿海滩涂。

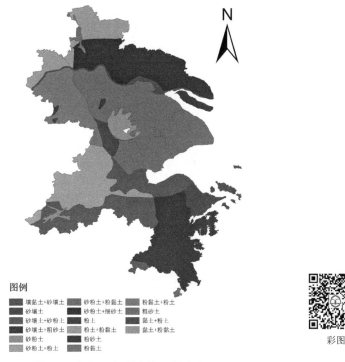

图例

壤黏土+砂壤土　　砂粉土+粉黏土　　粉黏土+粉土
砂壤土　　　　　　砂粉土+细砂土　　粗砂土
砂壤土+砂粉土　　粉土　　　　　　　黏土+粉土
砂壤土+粗砂土　　粉土+粉黏土　　　黏土+粉黏土
砂粉土　　　　　　粉砂土
砂粉土+粉土　　　粉黏土

图 2-4　长江三角洲土壤质地分布图

彩图

　　② 矿产资源。长江三角洲的矿产资源主要分布于江苏、浙江两个地区，江苏地区地跨两大地质构造单元——华北地台和扬子地台，拥有多种多样的矿产资源，包括有色金属类和特种非金属类矿产、建材类、膏盐类等。当前已探明 67 种矿产资源的详细储量情况，其中铌钽矿、凹凸棒石黏土、含钾砂页岩等储量在国内位列前茅。二次能源生产是上海的特色和优势，数量丰富，而且质量较高，产品主要包括电力、煤气、石油油品和焦煤。浙江的矿产资源以非金属矿产为主，石煤、明矾石、叶蜡石等储量居全国首位，多用于建筑材料的生产等用途。

　　③ 生物资源。长江三角洲野生动物种类繁多，江苏地区鸟类主要是黄嘴白鹭、大鸨、白鹤、天鹅等鸟类，丹顶鹤等珍禽，中华鲟，淡水豚类，世界上第一个野生麋鹿保护区也建立在江苏境内。浙江地区被列入国家重点保护野生动物名录的就有 123 种。水生动物资源也极为丰富，不仅拥有长江口中华鲟、镇江长江豚类、尹家边扬子鳄等保护区，而且东部沿海渔场面积约 $1 \times 10^5 \, km^2$，其中包括著名的吕四、海州湾、长江口、大沙等四大渔场。

　　④ 旅游资源。长江三角洲旅游资源非常丰富，截至 2015 年底，上海共有 A

级景点 61 家，其中 5A 级景区点 3 家，4A 级的 28 家，3A 级的 30 家。地貌景观、水域景观、生物景观、人文景观不计其数，2014 年上海、江苏和浙江地区年旅游类居民消费价格指数分别达 107.9、106.1、108.1。深厚的文化底蕴、众多的人文景观、悠久的古迹历史和特色的自然风光交相辉映，彰显出长江三角洲不拘一格的旅游气息。

2.2　经济环境概况

长江三角洲是我国第一大经济区，是被世界公认的六大城市群之一，经济发展迅速。2000 年长江三角洲的国内生产总值为 18044.9 亿元，2014 年增长到了 101878.4 亿元。长江三角洲经济总量占国内生产总值近 20%，其以全国 2.2% 的陆地面积创造了全国 22.1% 的国内生产总值，24.5% 的财政收入以及 28.5% 的进出口总额。这里已经成为中国经济、科技、文化十分发达的地区之一。

然而社会经济的快速发展对长江三角洲的生态环境也产生了影响，由于一系列不合理的自然和人为干扰，区域生态环境受到了严重威胁，如水土流失、酸雨污染、太湖蓝藻暴发等，都在一定程度上降低了区域的生态安全水平，不利于区域的可持续发展。

2.2.1　城市发展

（1）人口

长江三角洲人口密度大，在 2000 年的人口密度约为 788 人/km^2，2014 年增长到了 1037 人/km^2。长江三角洲在 2012 年的年末户籍人口为 9695.69 万人，2013 年为 9509.95 万人，而到 2016 年的年末户籍人口为 8736.14 万人，整体呈下降的趋势，这可能是城市老龄化人口增多而引起的户籍人口减少。2016 年长江三角洲的常住人口为 11082.82 万人，相比户籍人口多了 2346.68 万人。

（2）国民经济

2016 年长三角地区生产总值达 122957.63 亿元，包括第一产业增加值达到了 33420.85 亿元，第二产业也就是工业（如采掘业、制造业等）和建筑业的增加值达到了 51230.68 亿元，第三产业主要是流通、为生产和生活服务等

除第一、第二产业之外的部门，其增加值为 6838.16 亿元。其中 2012～2016
年内长江三角洲 16 个城市的地区生产总值情况如表 2-1：长江三角洲 2012～
2016 年的地区生产总值呈上升趋势，位于区域的 16 个城市的地区生产总值也
是逐年增长。

表 2-1　长江三角洲 16 城市 2012 年～2016 年地区生产总值统计表

地区	生产总值/亿元				
	2012 年	2013 年	2014 年	2015 年	2016 年
上海	20101.33	21602.12	23560.94	24964.99	27466.15
南京	7201.57	8011.78	8820.75	9720.77	10503.02
苏州	12011.65	13015.70	13760.89	14504.07	15475.09
无锡	7568.15	8070.18	8205.31	8518.26	9210.02
常州	3969.75	4360.93	4901.87	5273.15	5773.86
镇江	2630.42	2927.09	3552.38	3502.48	3833.84
扬州	2933.20	3252.01	3697.89	4016.84	4449.38
南通	4558.70	5038.89	5652.69	6148.40	6768.20
泰州	2701.67	3006.91	3370.89	3655.53	4101.78
杭州	7803.98	8343.52	9201.16	10050.21	11050.49
宁波	6524.70	7128.87	7602.51	8003.61	8541.11
嘉兴	2890.57	3147.66	3352.80	3517.81	3760.12
湖州	1661.87	1803.15	1955.96	2084.26	2243.06
绍兴	3620.10	3967.29	4265.83	4465.97	4710.19
舟山	851.95	930.85	1021.66	1092.85	1228.51
台州	2927.34	3153.34	3387.51	3553.85	3842.81
长江三角洲	89956.95	97760.29	106311.04	113073.05	122957.63

资料来源：嘉善年鉴、绍兴统计年鉴、长江三角洲城市年鉴等。

2.2.2　环境保护区

环境保护区，包括各级自然保护区、地质公园、风景名胜区、国家重点文物
保护单位，具体情况如下：

（1）自然保护区

自然保护区是指对有代表性的自然生态系统、珍稀濒危野生动植物物种的天
然集中分布、有特殊意义的自然遗迹等保护对象所在的陆地、水域或海域，依法

划出一定面积予以特殊保护和管理的区域。

长江三角洲有自然保护区 36 处，有野生植物、野生动物、内陆湿地、森林生态、地质遗迹、海洋海岸、古生物遗迹、内陆湿地 8 种保护类型，国家级、省级、市级、县级 4 种保护级别，保护区的总面积为 2929.20km^2（表 2-2）。

表 2-2 长江三角洲自然保护区情况表

序号	类型	保护区名称	行政区域	级别	保护区面积/hm^2
1	野生动物	金山三岛	上海市金山区	省级	46.00
2	内陆湿地	九段沙湿地	上海市浦东新区	国家级	42020.00
3	野生动物	长江口中华鲟	上海市崇明区	省级	27600.00
4	内陆湿地	东滩鸟类	上海市崇明区	国家级	24155.00
5	野生动物	大庙坞鹭鸟	绍兴市	县级	100.00
6	森林生态	杏梅尖	富阳区	县级	71.00
7	野生植物	浙江天目山	临安区	国家级	4284.00
8	森林生态	临安清凉峰	临安区	国家级	10800.00
9	地质遗迹	象山红岩	象山县	县级	460.00
10	森林生态	灵岩山	象山县	县级	1050.00
11	地质遗迹	花岙岛	象山县	县级	5490.00
12	海洋海岸	檀山头岛	象山县	县级	8030.00
13	海洋海岸	象山韭山列岛	象山县	国家级	48478.00
14	野生植物	八都芥	长兴县	县级	250.00
15	地质遗迹	长兴地质遗迹	长兴县	国家级	275.00
16	野生动物	顾渚山	长兴县	县级	2600.00
17	野生动物	白岘洞山	长兴县	县级	2801.00
18	野生动物	尹家边扬子鳄	长兴县	省级	122.67
19	森林生态	龙王山	安吉县	省级	1242.47
20	野生植物	东白山	诸暨市	省级	5071.50
21	野生动物	五峙山	舟山市定海区	省级	500.00
22	森林生态	仙居括苍山	仙居县	省级	2701.00
23	野生动物	固城湖	高淳区	县级	2420.00
24	地质遗迹	雨花台	南京市	市级	0.33
25	森林生态	龙池山	宜兴市	省级	123.00
26	古生物遗迹	上黄水母山	溧阳市	省级	40.00
27	内陆湿地	天目湖湿地	溧阳市	县级	643.30

序号	类型	保护区名称	行政区域	级别	保护区面积/hm²
28	森林生态	光福	苏州市吴中区	省级	61.00
29	海洋海岸	海安沿海防护林和滩涂	海安市	县级	9113.00
30	野生动物	启东长江口北支	启东市	省级	21491.00
31	内陆湿地	运西	宝应县	市级	17500.00
32	野生动物	扬州绿洋湖	江都区	市级	333.00
33	内陆湿地	高邮湖湿地	高邮市	县级	46667.00
34	内陆湿地	高邮绿洋湖	高邮市	县级	518.00
35	野生动物	镇江长江豚类	镇江市丹徒区	省级	5730.00
36	森林生态	宝华山	句容市	省级	133.00

（2）地质公园

是一种特殊的自然区域，以独特意义的地质科学含义，稀少的环境属性，给人在视觉上极高的美感，是有一定面积和分布范围的地质遗留景观，另外还结合了自然和文化景观所形成的区域。

长江三角洲有国家级地质公园 6 处，两处位于浙江台州，一处在绍兴新昌县，其他三处分别位于苏州吴中区、南京六合区、上海崇明区，地质公园保护区的总面积为 1904.36km²，如表 2-3。

表 2-3 长江三角洲国家级地质公园情况表

序号	地区	保护区名称	级别	保护区面积/km²
1	台州	浙江临海国家地质公园	国家级	166.00
2	台州	浙江雁荡山国家地质公园	国家级	294.60
3	绍兴	浙江省新昌县的硅化木国家地质公园	国家级	68.76
4	苏州	江苏苏州太湖西山国家地质公园	国家级	83.00
5	南京	江苏南京六合国家地质公园	国家级	92.00
6	上海	上海崇明国家地质公园	国家级	1200.00

（3）风景名胜区

风景名胜区是可以为人类提供观光或进行科学技术研究、文化发展等活动的地区，该区域自身包含观赏、学习或者科学研究价值，天然地形、地貌——平原形成的自然景观和在自然基础上添加人文因素形成的人文景观等。研究区共有风景名胜区 357 处，国家级 132 处，省级 8 处，总面积为 71.27km²。

（4）国家重点文物保护单位

即中国国家级文物保护单位，是由国务院核定公布的，具体流程是从省、市、县级文物保护单位中，选择对历史、艺术、科学有巨大的价值者设定为或者直接确定为全国重点文物保护单位。

长江三角洲有国家重点文物保护单位 208 处，其中上海有 18 处（表 2-4），其他 15 个城市共 190 处。

表 2-4   上海 18 家国家重点文物保护单位统计表

序号	名称	地址	级别
1	上海中山故居	上海香山路 7 号	
2	中国社会主义青年团中央机关旧址	淮海中路 567 弄	
3	鲁迅墓	四川北路 2288 号	
4	宋庆龄墓	上海市长宁区陵园路	
5	豫园	黄浦区安仁街 132 号城隍庙内	
6	上海龙华烈士陵园	徐汇区龙华西路 180 号	
7	松江唐经幢	上海市松江区中山小学内	
8	徐光启墓	南丹路光启公园	
9	兴圣教寺塔	上海市松江区的方塔园内	国家级
10	真如寺大殿	上海普陀区真如镇北首	
11	上海外滩建筑群	中山东一路 1 号	
12	上海邮政总局	上海虹口区四川北路 2 号（四川路桥上海邮政总局对面）	
13	福泉山遗址	上海市青浦区福全山重固乡钱家经村	
14	上海宋庆龄故居	徐汇区淮海中路 1843 号（淮海中路余庆路）	
15	张闻天故居	上海市浦东新区川沙新镇闻居路 50 号	
16	龙华塔	上海市徐汇区龙华路 2853 号	
17	马勒住宅	陕西南路 2 号附近	
18	国际饭店	上海市黄浦区南京西路 170 号	

2.3 生态环境现状

2.3.1 土地利用现状

通过对遥感图像进行解译分类并分析各种土地利用类型的演变特征，2000

年和 2014 年长江三角洲的土地利用现状划分为 6 种类型，分别为耕地、林地、草地、水域、建设用地、未利用地。

如表 2-5，在 2000 年，有林地和水浇地占比较高，分别为 24.35％和 42.08％。

表 2-5 长江三角洲 2000 年土地利用类型面积统计表

土地利用类型		斑块数量/个	面积/km²	比例/％
耕地	灌溉水田	1973	381.07	0.34
	望天田	2816	1361.75	1.21
	水浇地	2541	47445.21	42.08
	果园	1994	348.24	0.31
	桑园	4468	1596.30	1.42
	茶园	3730	5627.62	4.99
林地	有林地	3647	27452.17	24.35
	灌木林	2016	936.57	0.83
	疏林地	6199	2196.71	1.95
	其他林地	2735	1023.73	0.91
草地	高覆盖度草地	3208	1218.02	1.08
	中覆盖度草地	570	176.07	0.16
	低覆盖度草地	471	62.80	0.06
水域	河渠	397	3753.39	3.33
	湖泊	689	3720.14	3.30
	水库坑塘	9159	3321.80	2.95
	滩涂	411	1119.11	0.99
	滩地	908	812.55	0.72
建设用地	城镇用地	1465	3577.81	3.17
	农村居民点	47551	6014.74	5.33
	其他建设用地	1429	550.89	0.49
未利用地	盐碱地	4	1.05	0.00
	沼泽地	1	0.26	0.00
	裸土地	28	5.65	0.01
	裸岩石砾地	125	19.88	0.02
	其他	3	17.68	0.02

2014 年各类型土地利用的现状如表 2-6：

① 耕地包括水田和旱地，水田占耕地面积的 84％，旱地占耕地面积的 16％。

② 林地的面积为 60201.73km²，其中有林地占 93％，灌木林、疏林地和其

他林地仅占比 7%。

③ 草地的面积为 1347.71km^2，高覆盖度草地面积占比最高为 82%，中覆盖度和低覆盖度草地占比 18%。

④ 水域中河渠、湖泊、水库坑塘三者面积较大，滩涂和滩地面积较小，不足 25%。

⑤ 建设用地主要包括的地类是城乡住宅和公共设施用地，工矿用地，交通、水利设施用地，旅游用地，其他建设用地等。

⑥ 未利用地总面积仅为 99.47km^2，多为有裸岩石砾地，占比 66%，盐碱地、裸土地、海域变化分别占比 1%，25%，9%。

表 2-6　长江三角洲 2014 年土地利用类型面积统计表

土地利用类型		斑块数量/个	面积/km^2	比例/%
耕地	水田	9174	47648.08	31.25
	旱地	9939	9246.86	6.065
林地	有林地	3375	55915.22	36.67
	灌木林	2099	962.99	0.63
	疏林地	6163	2302.49	1.51
	其他林地	2947	1021.03	0.67
草地	高覆盖度草地	3216	1100.82	0.72
	中覆盖度草地	594	187.23	0.12
	低覆盖度草地	422	59.66	0.03
水域	河渠	309	3626.48	2.38
	湖泊	613	4041.38	2.65
	水库坑塘	10735	4531.47	2.97
	滩涂	429	2233.05	1.46
	滩地	739	929.17	0.61
建设用地	城镇用地	3875	8750.33	5.74
	农村居民点	46126	7761.85	5.09
	其他建设用地	4630	2069.97	1.36
未利用地	盐碱地	3	1.01	0.0007
	裸土地	86	24.41	0.0160
	裸岩石砾地	279	65.49	0.0429
	海域变化	36	8.56	0.0056

2000 年、2014 年的土地利用现状如图 2-5，统计 2000 年、2014 年各类型土地利用的面积，见表 2-7。

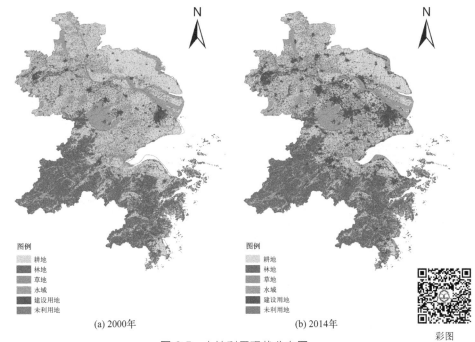

(a) 2000年　　　　　　(b) 2014年

彩图

图 2-5　土地利用现状分布图

表 2-7　长江三角洲 2000 年和 2014 年土地利用面积表

土地利用类型	2000 年面积/km²	2000 年比例/%	2014 年面积/km²	2014 年比例/%
耕地	242017.19	77.25	56894.93	37.31
林地	37524.78	11.98	60201.73	39.48
草地	1647.40	0.53	1347.71	0.88
水域	21910.02	6.99	15361.56	10.07
建设用地	10153.52	3.24	18582.15	12.19
未利用地	44.5306	0.01	99.46	0.07

由表 2-7 可知，耕地的面积从 2000 年到 2014 年减少了 185122.36km²，而林地面积 2014 年比 2000 年增加了 22676.95km²。其中，耕地的减少和林地的增加，有一部分原因是在 2002 年国务院会议通过《退耕还林条例》，从 2003 年 1 月 20 日开始正式实施这项政策，随着这项政策的实施，各地区的林地面积都有较大的改善。同样，在 2014 年研究区的草地面积相比 2000 年增加了 18%，建设用地和未利用地都有增加。整体的趋势是耕地转化为林地、建设用地和未利

用地。

从土地利用的结构来看，长江三角洲的林地覆盖率比较广，耕地分布较多，建设用地中，城镇用地和农村居民点用地比例相当。

2.3.2　水资源现状

研究区有湖泊水库共 468 处，干流 11 处，支流 60 处，具体位置情况如图 2-6。

2.3.3　道路现状

研究区内主要道路包括高速公路、一级到四级公路等五个等级，具体分布情况如图 2-7 和表 2-8。

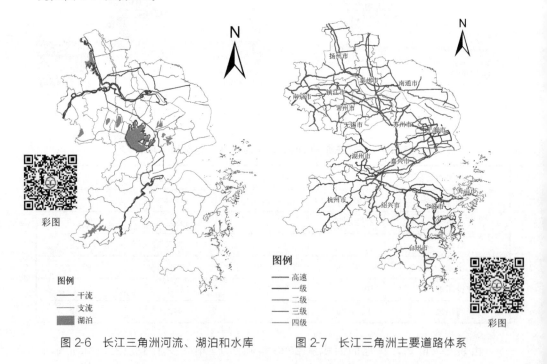

图 2-6　长江三角洲河流、湖泊和水库　　　图 2-7　长江三角洲主要道路体系

表 2-8　长江三角洲内主要道路分布情况表

道路类型	斑块长度/mm	类型线段数/个	分布地点
高速	20.43	1131	镇江市、常州市、南京市、无锡市、南通市、杭州市、南通市、上海市、嘉兴市、泰州市、台州市、宁波市、泰州市、苏州市

续表

道路类型	斑块长度/mm	类型线段数/个	分布地点
一级	10.64	778	湖州市、南京市、杭州市、上海市、无锡市、绍兴市、宁波市、台州市、苏州市
二级	37.58	2653	镇江市、常州市、南京市、无锡市、湖州市、南通市、杭州市、南通市、上海市、嘉兴市、舟山市、泰州市、台州市、宁波市、泰州市、苏州市
三级	26.46	1743	镇江市、南京市、无锡市、湖州市、南通市、杭州市、南通市、上海市、嘉兴市、舟山市、泰州市、台州市、宁波市、泰州市
四级	4.14	244	常州市、南京市、无锡市、湖州市、杭州市、上海市、台州市、宁波市

2.4 数据来源及预处理

2.4.1 数据来源及技术平台

主要数据来源有：

① 矢量数据：长江三角洲主要道路矢量数据；长江三角洲重要河流矢量数据；浙江省1:10万环境保护区矢量数据（自然保护区）；江苏省1:10万环境保护区矢量数据（自然保护区）；上海市1:10万环境保护区矢量数据（自然保护区）；中国1:400万行政区划矢量数据。

② 遥感数据：2000年、2014年陆地卫星专题成像仪（Landsat TM）遥感影像，用于提取长江三角洲土地利用类型。

③ 社会经济数据：2000年、2014年的《长江和珠江三角洲及港澳特别行政区统计年鉴》《上海市统计年鉴》《浙江省统计年鉴》《江苏省统计年鉴》《中国城市统计年鉴》；16个城市的《国民经济和社会发展统计公报》、《中国环境状况公报》、《中国水资源公报》。

④ 其他数据：卫星地图（BIGMAP）中提取的长江三角洲16个城市中心坐标。

长江三角洲土地利用数据是根据2014年长江三角洲遥感影像，通过人机交互解译和野外实地考察验证得出来的。根据环保部门相关文本数据资料及图件，进行空间化得到长江三角洲1:25万环境保护区空间数据，包括自然保护区、风景名胜区、国家地质公园、国家重点文物保护单位。从地球系统科学数据共享平台获取长江三角洲地区 1：400 万土壤类型数据。道路，河流数据通过长江三角洲地理数据平台获取。经济、人口数据通过相关统计年鉴获取。

（1）遥感数据

1972 年，美国第一颗地球资源卫星（Landsat 1）成功发射并获取了大量的卫星图像，遥感技术随即被广泛地应用到各行各业。土地利用/土地覆盖数据的处理如果依靠传统方法不仅更新速度慢、误差大，而且增加了监测的客观性。依靠遥感（RS）手段则可以主动、快速、精确获取土地利用变化的数量和性质。

目前，有一千多颗多种多样的遥感平台在空运行，用于搭载各种用途的传感器。Landsat 是由美国发射的近极地圆形轨道的陆地资源卫星，与太阳同步，每 16 天覆盖地球一次，高度（Landsat 4、5、7）为 705km，覆盖范围 185km×185km，是一种改进型的多光谱扫描仪。它含七种类型的传感器：反束光摄像机（RBV），多光谱扫描仪（MSS），专题成像仪（TM），增强专题成像仪（ETM），增强专题成像仪＋（ETM＋），陆地成像仪（OLI）和热红外传感器（TIRS）。其中 TM 采用了 7 个波段来记录遥感器获取的目标地物信息（表 2-9），与 MSS 相比，它新增了蓝绿波段、短波红外波段和热红外波段。1999 年 4 月，Landsat 7 发射成功，此次采用的是 ETM＋遥感器获取地面信息，与 TM 相比，又增加了全色波段，分辨率为 15m，在热红外波段的空间分辨率上也有所改进。它们通过光谱分辨率高，针对性频率段多，波段变窄，可提取专题信息，可进行几种交接处理等特征而扩大了 Landsat 在地理学、生态学方面的应用范围。所以，大多数中小尺度的 Landsat TM/ETM＋遥感影像完全适合于土地利用方面的研究选用。因此，本书充分考虑长江三角洲环境概况及其遥感影像特性，选取研究区 2000 年和 2014 年的 Landsat TM 遥感影像为主要数据源，用于提取各时段土地利用/覆盖变化信息，剔除有云层影响的遥感影像，云量应小于 10％；尽量选取季节一致的遥感影像，以满足数据的可比性。

表 2-9　陆地卫星传感器 Landsat TM/ETM＋数据特征

Landsat 4-5	波段	波长/μm	分辨率/m	主要作用
Band 1	蓝绿波段	0.45～0.52	30	水体的穿透力最大,区分土壤和植被
Band 2	绿色波段	0.52～0.60	30	对绿的穿透力强,利用这一波段鉴别植被的能力

续表

Landsat 4-5	波段	波长/μm	分辨率/m	主要作用
Band 3	红色波段	0.63～0.69	30	处于叶绿素的主要吸收波段,用于观测道路,裸露地表,植被种类等
Band 4	近红外波段	0.76～0.90	30	测量生物量和作物长势,区分植被类型
Band 5	中红外波段	1.55～1.75	30	用于分辨道路,裸露地表,水体,在不同植被之间有好的对比度,并且有好的穿透云雾的能力
Band 61/62	热红外波段	10.40～12.50	120/60	感应发出热辐射的目标
Band 7	中红外波段	2.08～2.35	30	对于岩石识别,矿物的分辨很有用,也可用于辨识植被覆盖和水分含量高的土壤
Band 8	微米全色	0.52～0.90	15	为15米分辨率的黑白图像,用于增强分辨率,提供分辨能力

（2）辅助数据

① 矢量数据：主要是长江三角洲行政区划图、长江三角洲主要道路空间分布数据、长江三角洲地区土壤类型数据库、长江三角洲环境保护区空间数据以及长江三角洲主要河流分布数据矢量图。

② 栅格数据：行政区划图、土地利用现状图等，用于水环境、土壤质地、道路交通、土地利用和自然保护区栅格图的区统计，地物监督分类和目视解译。

③ 其他数据：社会经济及统计数据等。

2.4.2　数据预处理

（1）遥感数据预处理

遥感系统受空间、波谱、时间等多方面外界因素的限制，地表信息繁冗复杂，在获取数据时易产生误差，影响遥感数据的精确度。为了提高数据分析工作的准确性，在信息数据提取之前都需要对原始遥感影像数据进行预处理。本书遥感影像处理及数据解译主要使用 ENVI 5.0 软件，栅格数据、矢量数据分析统计软件主要基于 ArcGIS 10.2、Arcview 等。ENVI 是一套功能齐全的遥感图像处理系统，在 2000 年获得美国原国家图像与测绘局（NIMA）遥感软件测评第一，是提取并处理图像信息、分析以及显示多光谱数据的高级工具。它能够充分提取遥感图像信息，是一个具备完整功能的遥感图像处理工具的平台，能够进行文件处理、正射校正、图像增强、掩膜、纠正、预处理、图像分类及后处理，覆盖了图像数据的输入/输出、图像变换和滤波工具、图像定标、裁剪、镶嵌、融合等功能，具有完整、丰富的投影软件包，可支持多种投影类型。目前已广泛应用于环境保护、国防安全、气象、石油矿产勘探、公用设施管理、农业、林业、医学、测绘勘察和城市规划、地球科学、遥感工程、水利、海洋等行业；ArcGIS是美国 ESRI 公司在整合 GIS 与地理科学、数据库、计算机技术、人工智能、遥感技术、网络技术等基础上，推出的一个集成的地理信息系统平台，拥有强大的图像处理、空间叠加分析、空间统计分析与制图等功能，被广泛地应用于农业、林业、测绘、社区管理、国土资源等几乎所有的行业，并正在走进人们日常的工作、学习和生活中。GIS 技术的应用大大地提高了人类处理和分析大量有关地球资源、环境、社会与经济资料的能力。遥感与 GIS 两者相互支持、缺一不可，两者的结合不仅改进了数据采集流程，加快了数据处理的速度，而且提高了相关分析的水平。

① 辐射定标

由于大气环境、地形、太阳位置和角度条件及传感器自身的性能等所造成的影响，导致传感器输出的并不是地面目标本身的辐射，具有一定程度的偏移与增益。辐射定标就是用各种物理量，如放射率、辐射亮度等来呈现图像数字量化值（DN）的过程。大气校正的准备工作，辐射定标参数一般通过 ENVI 的辐射定标工具（Radiometric Calibration）来提取。在 ENVI 的工具箱中，选择 Radiometric Correction，在文件对话框中选择多光谱数据，打开 Radiometric Calibration 面板，设置参数、输出路径和单位名，执行辐射定标。

② FLAASH 大气校正

电磁波在穿过大气的过程中，大气不仅改变了电磁波的传播路径，还会干扰遥感图像的辐射特征。大气校正是为了消除大气分子，气溶胶散射，光照及大气中水蒸气、氧气、二氧化碳等物质对地面目标反射的影响，把获取的遥感数据辐射定标后的天顶反射率转换为能够反映地物真实信息的地表反射率，是卫星遥感影像定量反演的重要部分。ENVI 大气校正模块的使用主要由以下 7 个方面组成：输入文件准备（辐射定标后数据）、基本参数设置、多光谱数据参数设置、高光谱数据参数设置、高级设置、输出文件和处理结果。

③ 遥感数据融合

为进一步增强遥感图像的分辨率、特征的显示能力，方便后期最大限度地提取各自信道中的有利信息，本研究进行了遥感多波段数据彩色融合处理。利用主成分分析方法对各波段数据进行相关性分析，找出相关性小、信息含量多的波段。经过分析并结合相关文献，最终确定最佳波段组合为 5、4、3。应用 5、4、3 波段进行 RGB 彩色合成最终形成长江三角洲卫星影像图。

④ 图像镶嵌与裁剪

当研究范围大于单幅遥感图像所能涵盖的数据信息时，一般将研究区分为两个或多个研究单元来处理，通过镶嵌形成一幅或一系列完整的图像。在进行多幅图像的镶嵌时，选出处于研究区中心部位的一幅图像作为镶嵌的基准图，相邻影像间需存在一定的重叠区域，以中心图像为基准依此由近到远进行镶嵌。由于不同影像在成像时时间不同、云量不同及光照的不同，会导致不同影像间存在色差，因而影响影像质量以及拼接、解译精度。本书中所用的 2000 年、2014 年的遥感数据均为多幅影像，将遥感影像导入 ENVI 中的 Mosaicking，忽略值设为 0，并设置输出像元大小、重采样方式（立方卷积）、文件路径及文件名，得到镶嵌文件。

当遥感图超出研究区范围时，通常需要将研究之外的区域去除，一般按照行政区划边界或自然区划边界进行图像的分幅裁剪，包括规则图像裁剪和不规则图像裁剪。规则裁剪过程比较简单，裁剪图像的边界范围是一个矩形，通过行列号、图像文件、左上角和右下角两点坐标、ROI/矢量文件就可以确定图像的裁剪位置。不规则图像裁剪无法通过左上角和右下角两点的坐标确定裁剪位置，裁剪图像的边界范围是一个任意多边形。任意多边形可以是事先生成的一个完整的闭合多边形区域，可以是 ENVI 支持的矢量文件，也可以是一个手工绘制的多边形。针对不同的情况采用不同的裁剪过程。在本研究中，基于 ArcGIS 10.2 技术的支持，将研究区域的矢量边界与 TM 遥感影像导入 ENVI 5.0 中进行裁剪获取研究区域研究范围的影像。

（2）土地利用解译分类

遥感影像分类是根据对遥感影像中各类地物或者现象的光谱特征、时相特征、空间结构特征等的分析，发现特征模式，用一定的分类原则识别地物目标，将特征空间划分为互不重叠的子空间的过程。主要分类方法包括监督分类和非监督分类。考虑到技术、数据源、模型等多方面因素影响，本研究采用监督分类和人工目视解译相结合的解译方法，结合往年土地利用情况，对长江三角洲地区 2000 年和 2014 年遥感影像进行解译分类。并结合长江三角洲地区特点，参考 2007 年国土资源部发布的《土地利用现状分类》（GB/T 21010—2007，包括 12 个一级类、57 个二级类），以保证长江三角洲土地利用分类的科学性、精确性。最终将研究区的土地利用类型整理划分为 6 个一级类（耕地，林地，草地，水域，城乡、工矿、居民用地及未利用土地）和18个二级类（表2-10），并将处理好的影像转化为Coverage格式，用于后续土地利用图制作及土地利用动态变化研究等（图2-8）。

表2-10   长江三角洲土地利用类型分类及含义

一级类型		二级类型		含　义
编号	名称	编号	名称	
1	耕地	11	水田	指种植农作物的土地；以种植农作物为主的农果、农桑、农林用地；耕种三年以上的滩地和滩涂
		12	旱地	
2	林地	21	有林地	指生长乔木、灌木、竹类以及沿海红树林地等林业用地
		22	灌木林	
		23	疏林地	
		24	其他林地	
3	草地	31	高覆盖度草地	指以生长草本植物为主，覆盖度在5%以上的各类草地，包括以牧为主的灌丛草地和郁闭度在10%以下的疏林草地
		32	中覆盖度草地	
		33	低覆盖度草地	
4	水域	41	河渠	指天然陆地水域和水利设施用地
		42	湖泊	
		43	水库坑塘	
		44	永久性冰川雪地	
		45	滩涂	
		46	滩地	
5	城乡、工矿、居民用地	51	城镇用地	指城乡居民点及县镇以外的工矿、交通等用地
		52	农村居民点	
		53	其他建设用地	
6	未利用土地	—	—	指目前尚未利用的土地，包含难利用的土地

（3）其他数据预处理

由于土地生态敏感性分析涉及土地利用、水环境、道路交通、自然保护区、地质灾害、水土流失、土壤沙漠化等诸多因素，所以本书将所有涉及分析、运算的数据都统一转成空间分辨率30m的格式，作为基本的空间地理单元进行运算。

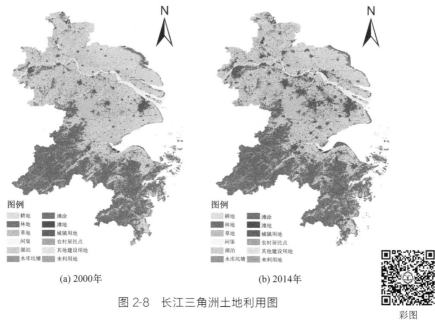

图例　　　　　　　　　　　　　　　图例
耕地　　　滩涂　　　　　　　　　　耕地　　　滩涂
林地　　　滩地　　　　　　　　　　林地　　　滩地
草地　　　农村居民点　　　　　　　草地　　　城镇用地
河渠　　　其他建设用地　　　　　　河渠　　　农村居民点
湖泊　　　未利用地　　　　　　　　湖泊　　　其他建设用地
水库坑塘　　　　　　　　　　　　　水库坑塘　未利用地

(a) 2000年　　　　　　　　　　　　(b) 2014年

图 2-8　长江三角洲土地利用图

彩图

参考文献

[1]　侯学煜.1：100 万中国植被图集［M］.北京：科学出版社，2019.

[2]　张祥建，唐炎华，徐晋.长江三角洲城市群空间结构演化的产业机理［J］.经济理论与
经济管理，2003（10）：65.

[3]　亢永平，郭彩红.我国自然保护区管理现状及对策的探讨［J］.商品与质量·理论研
究，2014，000（8）：118.

[4]　刘新华，谭国俊，肖敏云.浅析风景名胜区自然景观与人文景观的关系［J］.城市建设
理论研究（电子版），2012，000（1）：1-4.

[5]　翟禹.内蒙古草原丝绸之路历史文化遗产论纲——以文物遗址为例［J］.地方文化研究
辑刊，2016（2）：312-325.

[6]　彭春芳，宋伟，本刊编辑部.走进古建筑中的红色记忆［J］.城建档案，2007（7）：
14-17.

[7]　李树楷.全球环境、资源遥感分析［M］.北京：测绘出版社，1992.

[8]　刘波，韩宇捷，廖小文，等.长江三角洲地区规模化猪场自然通风圈舍氨气监测研究
［J］.生态与农村环境学报，2021，37（7）：943-952.

[9]　魏洪斌，罗明，吴克宁，等.长江三角洲典型县域耕地土壤重金属污染生态风险评价
［J］.农业机械学报，2021，52（11）：200-209，332.

[10]　LI J, HUANG X, CHUAI X, et al. The impact of land urbanization on carbon dioxide

emissions in the Yangtze River Delta，China：A multiscale perspective ［J］．Cities，2021，116：103275.

［11］　LUO D ，LIANG L W，WANG Z B，et al. Exploration of coupling effects in the Econo-my-Society-Environment system in urban areas：case study of the Yangtze River Delta Urban Agglomeration ［J］．Ecological Indicators，2021，128：107858.

［12］　WANG Z，MENG Q，ALLAM M，et al. Environmental and anthropogenic drivers of surface urban heat island intensity：a case-study in the Yangtze River Delta，China ［J］．Ecological Indicators，2021，128：107845.

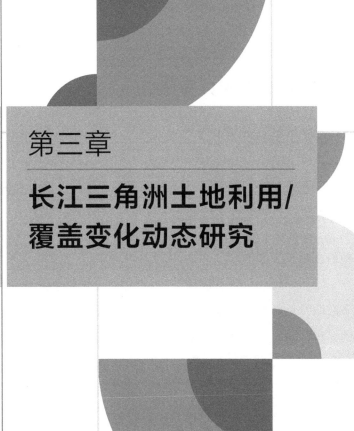

第三章

长江三角洲土地利用/
覆盖变化动态研究

　　土地利用结构是指特定区域国民经济各部门占地的比重及其相互关系的总和。21 世纪以来，随着社会生产力的发展，土地利用程度加大、城市土地资源配置不合理、区域性人地矛盾日益显著，严重制约了人地系统的可持续发展。因此，探究土地利用结构特征及其动态演变规律是研究一个地区自然资源条件、社会经济发展状况及其动态优化配置的必不可缺的过程，对区域土地资源合理开发、保护及区域规划具有非凡的指导作用。长江三角洲拥有优越的自然条件和地理区位，其经济发展快速，而土地利用结构也随着发展不断更新，本章采用经济学中的洛伦茨曲线，结合基尼系数，分析长江三角洲的土地利用空间结构变化规律，分析操作过程相对简单，工作量小。利用洛伦兹曲线对区域土地利用类型空间分布差异性的直观性反映，通过基尼系数对分布情况展开定量分析，所得规律可指导土地资源的合理利用及结构调整。

3.1　土地利用结构的时间分异分析

3.1.1　土地利用变化幅度

　　根据软件 ArcGIS 的属性表中获得的各种土地斑块的面积，对两个时期的土地利用类型进行比较，可获得研究区域两个不同时期（2000 年、2014 年）土地利用结构变化情况表，如表 3-1 所示。土地利用变化幅度是指在某一时段内某种土地利用类型面积的变化，表达式为：

$$Z = U_b - U_a \tag{3-1}$$

　　式中，Z 为研究期间土地利用类型面积的变化值，km^2；U_b 为某种土地利用类型研究末期的面积，km^2；U_a 为某种土地利用类型研究初期的面积，km^2。

表 3-1　2000 年、2014 年长江三角洲土地利用结构变化情况表

用地类型	2000 年面积/km^2	2000 年比重/%	2014 年面积/km^2	2014 年比重/%	变化幅度/km^2	变化贡献率/%
耕地	56760.19	50.34	48630.74	42.77	−8129.45	43.40
林地	31609.18	28.04	31270.72	27.50	−338.45	1.81
草地	1456.89	1.29	1281.75	1.13	−175.14	0.94
河渠	3753.39	3.33	3551.26	3.12	−202.13	1.08
湖泊	3720.14	3.30	3797.29	3.34	77.15	0.41

续表

用地类型	2000 年面积 /km²	2000 年比重 /%	2014 年面积 /km²	2014 年比重 /%	变化幅度 /km²	变化贡献率 /%
水库坑塘	3321.80	2.95	4348.84	3.82	1027.04	5.48
滩涂	1119.11	0.99	1391.85	1.22	272.75	1.46
滩地	812.55	0.72	777.60	0.68	−34.95	0.19
城镇用地	3577.81	3.17	8739.99	7.69	5162.18	27.56
农村居民点	6014.74	5.34	7752.18	6.82	1737.44	9.28
其他建设用地	550.89	0.49	2069.46	1.82	1518.57	8.11
未利用地	44.52	0.04	98.95	0.09	54.43	0.29

从表 3-1 的结果可以看出：研究区前 3 位的土地利用类型在 2000 年为耕地、林地和农村居民点，2014 年转化为耕地、林地和城镇用地。2000～2014 年长江三角洲土地利用变化整体呈现"7 增 5 减"的现象，即农村居民点、湖泊、其他建设用地、水库坑塘、滩涂、城镇用地和未利用地面积增加，耕地、林地、草地、河渠和滩地减少。其间，耕地变化最为显著，耕地面积减少了 8129.45km²，变化贡献率为 43.40%；其次是城镇用地，城镇用地净增加 5162.18km²，对土地利用结构的变化贡献率达到了 27.56%；未利用地和湖泊面积在近 10 年间有小幅度增长，增长幅度分别为 54.43km² 和 77.15km²；农村居民点和其他建设用地面积净增加了 1737.44km² 和 1518.57km²；滩地对土地利用结构变化的贡献率最小。

可见，耕地、林地、城镇用地和农村居民用地是长江三角洲主要的土地利用类型，构成长江三角洲土地利用的基本格局。2000～2014 年，建设用地（城镇用地、农村居民点及其他建设用地）的增加，耕地和生态用地（林地、草地）的减少，是长江三角洲土地利用结构变化特征的主要表现。这与长江三角洲经济发展水平高、人口变化快、土地利用的集约化水平高、地势平坦利于开发等密切相关。

3.1.2　土地利用变化速度

研究区域土地利用变化的速度可通过土地利用的动态度进行定量描述，单一土地利用动态度可以反映一种土地利用类型在某时间段的变化情况，其公式为：

$$K = \frac{U_b - U_a}{U_a} \times \frac{1}{T} \times 100\% \tag{3-2}$$

式中，K 为某种土地利用类型变化率；U_a、U_b 的含义和上文一致；T 为研究时间段长度。

表 3-2 为 2000～2014 年长江三角洲土地利用类型的单一土地利用动态度。从表中得知：长江三角洲的耕地、林地、草地、河渠和滩地是减少的，耕地减少速度最大，年递减率为 1.02％；就各市而言，耕地在 16 个市中都呈现递减趋势，其中苏州年递减率达到了 2.42％；城镇用地都呈递增趋势，泰州年度变化最大，为 18.18％；林地除了嘉兴、泰州和扬州是增加的，其余市都有减少；草地除了常州、嘉兴、南京、南通、绍兴、苏州、泰州、无锡和扬州有所减少外，其他市增加；河渠变化不明显，除了扬州，其他市都没有超过 1％；湖泊除杭州、南通、宁波、苏州和泰州减少，水库坑塘除杭州、上海和绍兴减少外，其他市呈递增趋势；杭州滩涂、宁波滩地变化较大；农村居民点、其他建设用地和未利用地基本呈递增趋势，尤其是其他建设用地和未利用地年变化率较大。

表 3-2　2000～2014 年长江三角洲土地利用类型的单一土地利用动态度　单位：％

地区	耕地	林地	草地	河渠	湖泊	水库坑塘	滩涂	滩地	城镇用地	农村居民点	其他建设用地	未利用地
常州	−1.10	−0.18	−2.64	0.00	0.00	1.88	0.00	−2.13	9.13	1.31	18.60	75.70
杭州	−0.85	−0.04	0.11	−0.24	−0.22	−0.53	42.23	−1.71	9.59	1.37	48.30	4.88
湖州	−0.64	−0.10	0.06	0.00	0.10	3.81	0.00	0.00	10.05	1.71	54.84	0.59
嘉兴	−1.04	0.09	−0.08	−0.08	0.26	6.91	−1.02	9.04	15.28	1.60	41.61	0.00
南京	−1.12	−0.28	−0.70	0.00	0.12	4.46	0.00	−2.30	10.23	−0.02	4.39	36.22
南通	−0.54	−1.60	−5.75	−0.73	−7.14	8.25	−0.35	1.72	14.94	4.21	95.08	0.00
宁波	−1.10	−0.14	0.04	−0.12	−0.11	7.33	8.72	37.63	9.24	4.72	14.70	−0.34
上海	−1.49	−0.32	0.82	−0.24	155.18	−2.11	6.59	0.01	2.76	6.39	19.60	−6.85
绍兴	−0.92	−0.04	−0.20	0.04	14.58	−0.78	0.00	−0.75	11.01	4.43	81.02	58.80
苏州	−2.42	−0.15	−0.35	−0.27	−0.10	4.04	0.00	−0.34	18.00	1.91	0.69	0.72
泰州	−0.73	7.18	−0.35	0.05	−3.05	6.27	0.00	−2.12	18.18	1.04	13.08	0.00
台州	−0.71	−0.01	0.79	−0.23	1.11	11.35	8.71	−0.03	11.80	4.47	62.69	86.95
无锡	−1.59	−0.03	−1.55	−0.39	0.01	4.10	0.00	−0.10	11.93	0.88	−3.89	100.44
扬州	−0.60	0.21	−4.84	−2.31	1.00	3.28	0.00	−0.88	14.14	0.66	6.27	63.07
镇江	−0.67	−0.36	0.06	−0.15	1.13	1.30	0.00	−0.38	9.17	0.60	7.44	20.69
舟山	−0.68	−0.10	0.02	0.00	0.00	3.39	0.26	0.00	2.80	5.03	3.92	5.99
长江三角洲	−1.02	−0.08	−0.86	−0.39	0.15	2.21	1.74	−0.31	10.31	2.06	19.69	8.73

3.2 空间洛伦茨曲线分析

　　20世纪初期，为研究社会财富、土地和工资收入等是否公平，美国经济统计学家 M. Lorrenz 提出了洛伦茨曲线。它是分析土地利用结构空间分布的一种手段。空间洛伦茨曲线上的纵轴表示土地利用类型面积累计比例，横轴则是土地面积累计比例。洛伦茨曲线为向内凹的曲线，与横轴和纵轴都成 45°夹角的曲线，叫绝对均匀线，洛伦茨曲线与绝对均匀线距离越近表示分布越均匀，反之，则表示越不均匀。

　　对于空间洛伦茨曲线的绘制，利用各市 2000 年和 2014 年各土地利用类型面积的原始数据，分别求出某地类的区位熵（表 3-3 和表 3-4）。区位熵的计算公式如下：

$$Q=(A_1/A_2)/(A_3/A_4) \tag{3-3}$$

　　式中，Q 为区位熵；A_1 为某市某类用地的面积；A_2 为长江三角洲某类用地的面积；A_3 为某市土地总面积；A_4 为长江三角洲土地总面积。

表 3-3　长江三角洲 2000 年各地类的累计百分比

地区	区位熵	耕地面积比例/%	土地面积比例/%	耕地累计/%	土地累计/%	地区	区位熵	林地面积比例/%	土地面积比例/%	林地累计/%	土地累计/%
泰州	0.13	0.01	5.14	0.01	5.14	杭州	0.41	6.08	14.99	6.08	14.99
南通	0.15	0.01	8.52	0.02	13.65	台州	0.57	4.73	8.26	10.81	23.25
扬州	1.33	0.08	5.89	0.10	19.54	舟山	0.60	0.68	1.13	11.49	24.37
嘉兴	3.69	0.13	3.62	0.23	23.16	绍兴	0.66	4.82	7.30	16.31	31.67
上海	4.59	0.33	7.12	0.56	30.29	宁波	0.82	6.48	7.95	22.79	39.62
苏州	7.67	0.59	7.69	1.15	37.99	湖州	0.94	4.85	5.18	27.64	44.80
常州	24.03	0.93	3.88	2.08	41.86	苏州	1.00	7.68	7.69	35.32	52.50
镇江	32.57	1.11	3.41	3.19	45.28	无锡	1.06	4.35	4.10	39.67	56.59
无锡	34.96	1.43	4.10	4.62	49.37	上海	1.13	8.03	7.12	47.70	63.71
南京	37.96	2.21	5.83	6.84	55.20	南京	1.25	7.27	5.83	54.98	69.54
湖州	155.66	8.06	5.18	14.90	60.38	常州	1.32	5.14	3.88	60.11	73.42
宁波	163.69	13.00	7.95	27.90	68.33	镇江	1.33	4.55	3.41	64.66	76.84
舟山	193.00	2.18	1.13	30.10	69.46	扬州	1.37	8.06	5.89	72.72	82.72
绍兴	200.91	14.70	7.30	44.80	76.75	嘉兴	1.51	5.48	3.62	78.19	86.35
台州	226.87	18.70	8.26	63.50	85.00	泰州	1.57	8.08	5.14	86.28	91.48
杭州	243.63	36.50	14.99	100.00	100.00	南通	1.61	13.72	8.52	100.00	100.00

地区	区位熵	草地面积比例/%	土地面积比例/%	草地累计/%	土地累计/%
嘉兴	2.32	0.08	3.62	0.08	3.62
泰州	9.62	0.49	5.14	0.58	8.76
上海	12.87	0.92	7.12	1.50	15.88
无锡	15.18	0.62	4.10	2.12	19.98
常州	19.19	0.75	3.88	2.86	23.86
苏州	20.52	1.58	7.69	4.44	31.56
扬州	56.10	3.30	5.89	7.74	37.45
南京	70.08	4.08	5.83	11.83	43.27
镇江	97.71	3.33	3.41	15.16	46.68
宁波	97.73	7.77	7.95	22.93	54.63
湖州	108.08	5.60	5.18	28.53	59.81
绍兴	150.72	11.00	7.30	39.53	67.11
南通	158.45	13.49	8.52	53.02	75.63
杭州	176.68	26.49	15.00	79.51	90.62
台州	212.61	17.55	8.26	97.06	98.87
舟山	260.72	2.94	1.19	100.00	100.00

地区	区位熵	河渠面积比例/%	土地面积比例/%	河渠累计/%	土地累计/%
舟山	0	0	1.13	0	1.13
常州	8.415	0.33	3.88	0.33	5.01
宁波	12.79	1.02	7.95	1.34	12.96
台州	18.34	1.51	8.26	2.86	21.22
湖州	19.62	1.02	5.18	3.87	26.40
绍兴	21.57	1.57	7.30	5.45	33.69
无锡	34.49	1.41	4.10	6.86	37.79
杭州	49.42	7.41	14.99	14.27	52.78
嘉兴	82.06	2.97	3.62	17.24	56.40
泰州	92.45	4.75	5.14	21.99	61.54
扬州	107.17	6.31	5.89	28.30	67.43
南京	115.65	6.74	5.83	35.04	73.26
南通	125.39	10.68	8.52	45.72	81.77
镇江	162.31	5.54	3.41	51.26	85.18
苏州	164.60	12.66	7.69	63.92	92.88
上海	506.63	36.08	7.12	100.00	100.00

地区	区位熵	湖泊面积比例/%	土地面积比例/%	湖泊累计/%	土地累计/%
舟山	0.00	0.00	1.13	0.00	1.13
南通	0.02	0.00	8.52	0.00	9.64
上海	0.99	0.07	7.12	0.07	16.77
杭州	1.26	0.19	14.99	0.26	31.76
台州	1.45	0.12	8.26	0.38	40.01
绍兴	2.48	0.18	7.30	0.56	47.31
镇江	6.58	0.22	3.41	0.79	50.72
宁波	7.31	0.58	7.95	1.37	58.67
泰州	22.32	1.15	5.14	2.51	63.81
湖州	33.17	1.72	5.18	4.23	68.99
嘉兴	42.19	1.53	3.62	5.76	72.61
南京	53.49	3.12	5.83	8.88	78.44
常州	164.19	6.38	3.88	15.25	82.32
扬州	186.25	10.97	5.89	26.22	88.21
无锡	416.77	17.08	4.10	43.30	92.31
苏州	736.88	56.70	7.69	100.00	100.00

地区	区位熵	水库坑塘面积比例/%	土地面积比例/%	水库坑塘累计/%	土地累计/%
台州	19.62	1.62	8.26	1.62	8.26
嘉兴	24.96	0.90	3.62	2.52	11.88
舟山	29.67	0.33	1.13	2.86	13.01
宁波	34.73	2.76	7.95	5.62	20.95
南通	46.04	3.92	8.52	9.54	29.47
湖州	48.99	2.54	5.18	12.08	34.65
绍兴	77.58	5.66	7.30	17.74	41.95
镇江	86.45	2.95	3.41	20.69	45.36
泰州	102.61	5.27	5.14	25.96	50.50
南京	118.25	6.89	5.83	32.85	56.32
杭州	125.95	18.88	14.99	51.73	71.31
上海	132.05	9.40	7.12	61.13	78.44
扬州	161.22	9.49	5.89	70.63	84.32
苏州	167.48	12.89	7.69	83.51	92.02
无锡	186.34	7.64	4.10	91.15	96.12
常州	227.88	8.85	3.88	100.00	100.00

续表

地区	区位熵	滩涂面积比例/%	土地面积比例/%	滩涂累计/%	土地累计/%	地区	区位熵	滩地面积比例/%	土地面积比例/%	滩地累计/%	土地累计/%
常州	0.00	0.00	3.88	0.00	3.88	舟山	0.43	0.00	1.13	0.00	1.13
南京	0.00	0.00	5.83	0.00	9.71	湖州	6.57	0.34	5.18	0.35	6.31
绍兴	0.00	0.00	7.30	0.00	17.01	宁波	10.96	0.87	7.95	1.22	14.26
泰州	0.00	0.00	5.14	0.00	22.14	南京	24.66	1.44	5.83	2.65	20.08
无锡	0.00	0.00	4.10	0.00	26.24	杭州	28.22	4.23	14.99	6.88	35.07
扬州	0.00	0.00	5.89	0.00	32.13	台州	29.36	2.42	8.26	9.31	43.33
镇江	0.00	0.00	3.41	0.00	35.54	嘉兴	32.48	1.18	3.62	10.50	46.95
杭州	0.04	0.01	14.99	0.01	50.53	镇江	39.99	1.36	3.41	11.80	50.36
苏州	2.89	0.22	7.69	0.23	58.23	常州	48.48	1.88	3.88	13.70	54.25
湖州	6.92	0.36	5.18	0.59	63.41	无锡	51.01	2.09	4.10	15.80	58.34
嘉兴	78.49	2.84	3.62	3.43	67.03	南通	68.58	5.84	8.52	21.70	66.86
台州	98.68	8.15	8.26	11.58	75.29	苏州	88.37	6.80	7.69	28.50	74.56
上海	131.51	9.37	7.12	20.94	82.41	绍兴	159.12	11.61	7.30	40.10	81.85
宁波	286.60	22.78	7.95	43.72	90.36	上海	192.17	13.69	7.12	53.79	88.97
舟山	397.31	4.48	1.13	48.21	91.48	泰州	226.36	11.63	5.14	65.40	94.11
南通	608.23	51.79	8.52	100.00	100.00	扬州	587.78	34.61	5.89	100.00	100.00

地区	区位熵	城镇用地面积比例/%	土地面积比例/%	城镇用地累计/%	土地累计/%	地区	区位熵	农村居民点面积比例/%	土地面积比例/%	农村居民点累计/%	土地累计/%
台州	32.18	2.66	8.26	2.66	8.26	台州	22.89	1.89	8.26	1.89	8.26
湖州	37.10	1.92	5.18	4.58	13.44	杭州	33.77	5.06	14.99	6.95	23.25
杭州	40.67	6.10	14.99	10.68	28.43	舟山	35.19	0.40	1.13	7.35	24.37
绍兴	44.80	3.27	7.30	13.94	35.72	绍兴	48.04	3.51	7.30	10.85	31.67
舟山	52.01	0.59	1.13	14.53	36.85	湖州	56.14	2.91	5.18	13.76	36.85
南通	56.21	4.79	8.52	19.32	45.37	宁波	57.66	4.58	7.95	18.35	44.80
泰州	60.24	3.09	5.14	22.41	50.51	南通	63.56	5.41	8.52	23.76	53.32
扬州	65.27	3.84	5.89	26.26	56.39	苏州	114.86	8.84	7.69	32.60	61.01
嘉兴	83.81	3.04	3.62	29.29	60.02	上海	131.54	9.37	7.12	41.96	68.13
宁波	93.17	7.41	7.95	36.70	67.96	无锡	150.75	6.18	4.10	48.14	72.23
镇江	118.09	4.03	3.41	40.73	71.38	常州	151.44	5.88	3.88	54.02	76.11
苏州	164.78	12.68	7.69	53.41	79.07	扬州	166.97	9.83	5.89	63.85	82.00
常州	166.82	6.48	3.88	59.88	82.95	镇江	178.86	6.10	3.41	69.96	85.41
南京	167.40	9.75	5.83	69.64	88.78	泰州	187.37	9.63	5.14	79.58	90.55
无锡	210.27	8.62	4.10	78.25	92.88	南京	189.77	11.06	5.83	90.64	96.38
上海	305.37	21.75	7.12	100.00	100.00	嘉兴	258.45	9.36	3.62	100.00	100.00

续表

地区	区位熵	其他建设用地面积比例/%	土地面积比例/%	其他建设用地累计/%	土地累计/%	地区	区位熵	未利用土地面积比例/%	土地面积比例/%	未利用土地累计/%	土地累计/%
常州	20.48	0.80	3.88	0.80	3.88	南通	0.00	0.00	8.52	0.00	8.52
泰州	21.97	1.13	5.14	1.92	9.02	泰州	0.00	0.00	5.14	0.00	13.65
绍兴	25.19	1.84	7.30	3.76	16.32	台州	8.39	0.69	8.26	0.69	21.91
台州	31.96	2.64	8.26	6.40	24.57	绍兴	9.58	0.70	7.30	1.39	29.21
杭州	33.46	5.02	14.99	11.42	39.56	扬州	9.91	0.58	5.89	1.97	35.09
扬州	37.80	2.23	5.89	13.64	45.45	嘉兴	11.02	0.40	3.62	2.37	38.72
南通	38.09	3.24	8.52	16.89	53.97	无锡	46.94	1.92	4.10	4.30	42.81
湖州	43.13	2.23	5.18	19.12	59.15	杭州	53.68	8.05	14.99	12.34	57.81
苏州	81.54	6.27	7.69	25.39	66.84	常州	94.80	3.68	3.88	16.03	61.69
嘉兴	90.56	3.28	3.62	28.67	70.47	宁波	103.53	8.23	7.95	24.26	69.64
镇江	108.93	3.72	3.41	32.39	73.88	湖州	132.41	6.86	5.18	31.11	74.82
南京	135.54	7.90	5.83	40.29	79.70	苏州	138.77	10.68	7.69	41.79	82.51
无锡	182.66	7.49	4.10	47.77	83.80	南京	149.38	8.70	5.83	50.50	88.34
宁波	280.70	22.31	7.95	70.08	91.75	镇江	189.97	6.48	3.41	56.98	91.75
上海	285.55	20.33	7.12	90.42	98.87	舟山	290.76	3.28	1.13	60.26	92.88
舟山	848.92	9.58	1.13	100.00	100.00	上海	558.06	39.74	7.12	100.00	100.00

表 3-4　长江三角洲 2014 年各地类的累计百分比

地区	区位熵	耕地面积比例/%	土地面积比例/%	耕地累计/%	土地累计/%	地区	区位熵	林地面积比例/%	土地面积比例/%	耕地累计/%	土地累计/%
杭州	42.14	6.25	14.83	6.25	14.83	南通	0.12	0.01	8.55	0.01	8.55
台州	58.95	4.96	8.42	11.21	23.25	泰州	0.26	0.01	5.10	0.02	13.65
舟山	63.46	0.72	1.13	11.93	24.38	扬州	1.39	0.08	5.84	0.10	19.49
绍兴	67.64	4.90	7.24	16.83	31.62	嘉兴	3.77	0.14	3.63	0.24	23.11
宁波	76.77	6.40	8.33	23.23	39.95	上海	4.39	0.31	7.17	0.56	30.28
苏州	77.84	5.92	7.61	29.15	47.56	苏州	7.66	0.58	7.61	1.14	37.89
无锡	97.33	3.94	4.05	33.09	51.62	常州	23.90	0.92	3.84	2.06	41.73
湖州	100.50	5.15	5.12	38.24	56.74	镇江	31.57	1.07	3.37	3.13	45.11
上海	103.28	7.41	7.17	45.65	63.91	无锡	35.54	1.44	4.05	4.56	49.16
南京	123.98	7.14	5.76	52.79	69.67	南京	37.22	2.14	5.76	6.71	54.92
常州	131.85	5.06	3.84	57.85	73.51	宁波	154.57	12.88	8.33	19.60	63.25
镇江	142.35	4.80	3.37	62.66	76.89	湖州	156.64	8.03	5.12	27.60	68.38
扬州	147.51	8.61	5.84	71.27	82.73	舟山	191.79	2.17	1.13	29.80	69.51
嘉兴	150.50	5.46	3.63	76.73	86.35	绍兴	203.11	14.71	7.24	44.50	76.75
泰州	166.01	8.47	5.10	85.20	91.45	台州	224.10	18.86	8.42	63.40	85.17
南通	173.20	14.80	8.55	100.00	100.00	杭州	247.08	36.65	14.83	100.00	100.00

续表

地区	区位熵	草地面积比例/%	土地面积比例/%	草地累计/%	土地累计/%	地区	区位熵	河渠面积比例/%	土地面积比例/%	河渠累计/%	土地累计/%
嘉兴	2.60	0.09	3.63	0.09	3.63	舟山	0.00	0.00	1.13	0.00	1.13
泰州	10.44	0.53	5.10	0.63	8.73	常州	8.99	0.35	3.84	0.35	4.97
无锡	13.60	0.55	4.05	1.18	12.78	宁波	12.67	1.06	8.33	1.40	13.30
常州	13.85	0.53	3.84	1.71	16.62	台州	18.38	1.55	8.42	2.95	21.72
上海	16.15	1.16	7.17	2.87	23.79	湖州	20.96	1.07	5.12	4.02	26.84
扬州	20.70	1.21	5.84	4.08	29.63	绍兴	23.09	1.67	7.24	5.69	34.09
苏州	22.37	1.70	7.61	5.78	37.24	无锡	34.85	1.41	4.05	7.11	38.14
南通	34.89	2.98	8.55	8.76	45.79	杭州	50.96	7.56	14.83	14.66	52.97
南京	72.36	4.17	5.76	12.93	51.55	扬州	77.31	4.51	5.84	19.18	58.81
宁波	106.17	8.85	8.33	21.78	59.88	嘉兴	85.57	3.10	3.63	22.28	62.44
镇江	112.86	3.81	3.37	25.58	63.25	泰州	99.12	5.06	5.10	27.34	67.54
湖州	124.90	6.40	5.12	31.98	68.38	南通	118.39	10.12	8.55	37.46	76.08
绍兴	167.34	12.12	7.24	44.10	75.62	南京	123.54	7.12	5.76	44.58	81.85
杭州	205.54	30.49	14.83	74.59	90.45	苏州	169.33	12.89	7.61	57.46	89.46
台州	262.19	22.07	8.42	96.66	98.87	镇江	169.63	5.72	3.37	63.18	92.83
舟山	295.52	3.34	1.13	100.00	100.00	上海	513.50	36.82	7.17	100.00	100.00

地区	区位熵	湖泊面积比例/%	土地面积比例/%	湖泊累计/%	土地累计/%	地区	区位熵	水库坑塘面积比例/%	土地面积比例/%	水库坑塘累计/%	土地累计/%
南通	0.00	0.00	8.55	0.00	8.55	舟山	33.30	0.38	1.13	0.38	1.13
舟山	0.00	0.00	1.13	0.00	9.68	嘉兴	37.39	1.36	3.63	1.73	4.76
杭州	1.21	0.18	14.83	0.18	24.51	台州	37.98	3.20	8.42	4.93	13.18
台州	1.61	0.14	8.42	0.31	32.93	宁波	51.19	4.27	8.33	9.20	21.51
宁波	6.71	0.56	8.33	0.87	41.26	绍兴	53.24	3.85	7.24	13.04	28.75
绍兴	7.42	0.54	7.24	1.41	48.50	湖州	57.92	2.97	5.12	16.01	33.87
镇江	7.53	0.25	3.37	1.67	51.88	上海	70.47	5.05	7.17	21.06	41.04
泰州	12.59	0.64	5.10	2.31	56.98	南通	75.35	6.44	8.55	27.50	49.59
上海	21.87	1.57	7.17	3.88	64.15	镇江	78.79	2.66	3.37	30.16	52.96
湖州	33.21	1.70	5.12	5.58	69.27	杭州	89.86	13.33	14.83	43.49	67.80
嘉兴	42.63	1.55	3.63	7.12	72.90	无锡	147.27	5.97	4.05	49.46	71.85
南京	53.76	3.10	5.76	10.22	78.66	泰州	147.94	7.55	5.10	57.00	76.95
常州	162.07	6.22	3.84	16.44	82.50	南京	148.09	8.53	5.76	65.54	82.71
扬州	209.25	12.22	5.84	28.66	88.34	扬州	180.99	10.57	5.84	76.10	88.55
无锡	412.23	16.71	4.05	45.37	92.39	苏州	202.07	15.38	7.61	91.48	96.16
苏州	717.93	54.63	7.61	100.00	100.00	常州	221.83	8.52	3.84	100.00	100.00

续表

地区	区位熵	滩涂面积比例/%	土地面积比例/%	滩涂累计/%	土地累计/%	地区	区位熵	滩地面积比例/%	土地面积比例/%	摊地累计/%	土地累计/%
常州	0.00	0.00	3.84	0.00	3.84	舟山	0.44	0.01	1.13	0.01	1.13
南京	0.00	0.00	5.76	0.00	9.60	湖州	6.92	0.35	5.12	0.36	6.25
绍兴	0.00	0.00	7.24	0.00	16.84	南京	17.59	1.01	5.76	1.37	12.02
泰州	0.00	0.00	5.10	0.00	21.95	杭州	22.59	3.35	14.83	4.72	26.85
无锡	0.00	0.00	4.05	0.00	26.00	台州	29.84	2.51	8.42	7.23	35.27
扬州	0.00	0.00	5.84	0.00	31.84	常州	35.81	1.38	3.84	8.61	39.11
镇江	0.00	0.00	3.37	0.00	35.21	镇江	39.85	1.34	3.37	9.95	42.48
杭州	0.21	0.03	14.83	0.03	50.04	无锡	52.94	2.15	4.05	12.10	46.53
苏州	2.04	0.15	7.61	0.19	57.65	宁波	68.22	5.68	8.33	17.78	54.87
湖州	4.87	0.25	5.12	0.44	62.78	嘉兴	76.50	2.77	3.63	20.55	58.49
嘉兴	46.75	1.70	3.63	2.13	66.40	南通	88.19	7.54	8.55	28.09	67.04
台州	149.51	12.59	8.42	14.72	74.82	苏州	88.52	6.74	7.61	34.83	74.65
上海	174.80	12.53	7.17	27.25	81.99	绍兴	149.37	10.82	7.24	45.65	81.89
舟山	286.04	3.23	1.13	30.48	83.12	泰州	166.87	8.51	5.10	54.16	86.99
南通	401.24	34.29	8.55	64.78	91.67	上海	199.05	14.27	7.17	68.43	94.16
宁波	422.74	35.22	8.33	100.00	100.00	扬州	540.62	31.57	5.84	100.00	100.00
地区	区位熵	城镇用地面积比例/%	土地面积比例/%	城镇用地累计/%	土地累计/%	地区	区位熵	农村居民点面积比例/%	土地面积比/%	农村居民点累计/%	土地累计/%
舟山	29.57	0.33	1.13	0.33	1.13	台州	28.29	2.38	8.42	2.38	8.42
台州	34.25	2.88	8.42	3.22	9.55	杭州	31.55	4.68	14.83	7.06	23.25
湖州	36.96	1.89	5.12	5.11	14.67	舟山	46.43	0.52	1.13	7.59	24.38
杭州	39.41	5.85	14.83	10.96	29.50	湖州	54.54	2.79	5.12	10.38	29.50
绍兴	46.96	3.40	7.24	14.36	36.75	绍兴	60.80	4.40	7.24	14.78	36.75
南通	70.87	6.06	8.55	20.41	45.29	宁波	70.82	5.90	8.33	20.68	45.08
扬州	80.28	4.69	5.84	25.10	51.13	南通	78.01	6.67	8.55	27.35	53.62
宁波	83.46	6.95	8.33	32.06	59.46	苏州	114.13	8.68	7.61	36.04	61.23
泰州	88.05	4.49	5.10	36.55	64.56	无锡	132.70	5.38	4.05	41.41	65.29
嘉兴	107.52	3.90	3.63	40.45	68.19	常州	140.43	5.39	3.84	46.81	69.13
镇江	111.65	3.77	3.37	44.21	71.57	扬州	142.61	8.33	5.84	55.13	74.97
常州	157.31	6.04	3.84	50.26	75.41	南京	148.29	8.54	5.76	63.68	80.73
南京	168.50	9.71	5.76	59.97	81.17	镇江	152.06	5.13	3.37	68.81	84.10
上海	172.20	12.35	7.17	72.31	88.34	泰州	167.59	8.55	5.10	77.36	89.20
无锡	232.44	9.42	4.05	81.73	92.39	上海	191.96	13.76	7.17	91.12	96.37
苏州	240.08	18.27	7.61	100.00	100.00	嘉兴	244.79	8.88	3.63	100.00	100.00

续表

地区	区位熵	其他建设用地面积比例/%	土地面积比例/%	其他建设用地累计/%	土地累计/%	地区	区位熵	未利用土地面积比例/%	土地面积比例/%	未利用土地累计/%	土地累计/%
泰州	16.68	0.85	5.10	0.85	5.10	泰州	0.00	0.00	5.10	0.00	5.10
扬州	19.06	1.11	5.84	1.96	10.94	嘉兴	4.95	0.18	3.63	0.18	8.73
常州	19.87	0.76	3.84	2.73	14.78	上海	10.08	0.72	7.17	0.90	15.90
无锡	22.41	0.91	4.05	3.63	18.83	南通	14.24	1.22	8.55	2.12	24.44
苏州	24.05	1.83	7.61	5.47	26.44	绍兴	40.08	2.90	7.24	5.02	31.69
南京	58.88	3.39	5.76	8.86	32.20	杭州	41.06	6.09	14.83	11.11	46.52
镇江	59.85	2.02	3.37	10.88	35.58	宁波	42.27	3.52	8.33	14.63	54.85
杭州	69.87	10.36	14.83	21.24	50.41	扬州	44.17	2.58	5.84	17.21	60.69
台州	81.56	6.87	8.42	28.11	58.83	台州	48.73	4.10	8.42	21.31	69.11
绍兴	83.40	6.04	7.24	34.15	66.07	湖州	65.16	3.34	5.12	24.65	74.23
湖州	100.74	5.16	5.12	39.31	71.19	苏州	69.45	5.28	7.61	29.94	81.84
南通	144.57	12.36	8.55	51.66	79.74	舟山	239.96	2.71	1.13	32.65	82.97
嘉兴	164.31	5.96	3.63	57.62	83.37	无锡	321.54	13.03	4.05	45.68	87.02
宁波	217.95	18.16	8.33	75.78	91.70	镇江	336.61	11.36	3.37	57.04	90.40
上海	282.67	20.27	7.17	96.05	98.87	南京	412.35	23.76	5.76	80.80	96.16
舟山	349.53	3.95	1.13	100.00	100.00	常州	499.97	19.20	3.84	100.00	100.00

　　将区位熵按由小到大顺序排列，再分别求出某种土地利用类型占比大小，从低到高依次排列，并计算出某市某种土地类型的累计百分比和某市土地总面积的累计百分比，最后以某市总土地面积累计百分比为横坐标，以某种土地类型面积累计百分比为纵坐标，取 100 长度，绘出坐标图（见图 3-1 和图 3-2）。

　　观察两个时相的空间洛伦茨曲线可知，长江三角洲在 2000～2014 年间，耕地和草地的曲线与绝对均匀线存在相互疏远的趋势，说明这两种土地类型在长江三角洲分布不均衡，即某些市的分布面积比例所占比重高于其他市，反映了这两种土地类型面积不断减少，它们减少的标志是城镇用地、其他建设用地的增加和草地不断被垦殖。湖泊、水库坑塘、滩涂、滩地、城镇用地、农村居民点、其他建设用地和未利用地的曲线与绝对均匀线表现为趋近，在实际中这 8 种土地利用类型明显扩大，其中城镇用地、其他建设用地和农村居民点的扩大是经济建设快速发展、城市化进程加快、人口增长的结果；水库坑塘、湖泊的增加主要是为了区域农业发展、洪水调控及区域生态安全建设。林地和河渠的变化幅度微小，但也开始出现分布不均匀的迹象，因此，在推动区域经济协调发展的前提下，进一

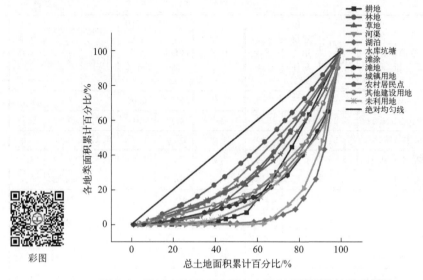

图 3-1 2000 年长江三角洲各土地利用类型洛伦茨曲线图

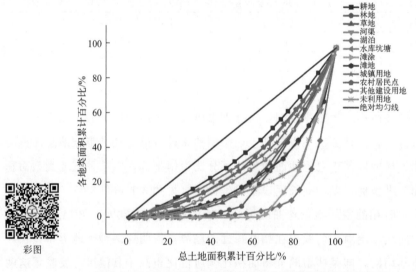

图 3-2 2014 年长江三角洲各土地利用类型洛伦茨曲线图

步调整和优化土地利用结构，加强土地资源合理利用，促进区域经济健康稳定地发展尤为重要。

就各市而言，以长江三角洲 2000 年耕地的洛伦曲线为例（见图 3-1），从原点开始的各点分别代表杭州、台州、舟山、绍兴、宁波、湖州、苏州、无锡、上海、南京、常州、镇江、扬州、嘉兴、泰州和南通。以杭州—台州连线斜率较小，说明耕地在这两个市分布比较少，而在苏州之后，区位熵＞1，说明在苏州之后的城市，耕地占此类用地比例高于该市总面积占长江三角洲总面积的比例。事实上正是如此，2000 年杭州和台州土地约占长三角的 23.25％，耕地占 10.81％，而苏州在占全区 7.69％的土地上，耕地面积却占长江三角洲总耕地面积的 7.68％。因此，应根据洛伦茨曲线图，分析 16 个市的土地利用特色，从而确定长江三角洲最佳的土地利用目标，大力发展各市相适宜的特色产业，优化长江三角洲的土地利用结构。

3.3　空间基尼系数分析

虽然某种土地利用类型在全区空间分布的差异性能够通过洛伦茨曲线直观地显示，但洛伦茨曲线无法对其差异（均匀或不均匀）的程度进行定量描述。为进一步定量描述土地利用类型在长江三角洲的分布情况，引入了常用于经济学上计算社会收入分配程度的统计指标——基尼系数。基尼系数越大，表示该土地类型在长江三角洲分布越不均匀，相反，则越均匀。其公式为：

$$G = \sum (M_i Q_{i+1} - M_{i+1} Q_i)(i = 1,2,3,\cdots,16) \tag{3-4}$$

式中，G 为基尼系数；M_i 为某市某种土地利用类型面积累计百分比；Q_i 为某市总土地面积的累计百分比。基尼系数的计算结果见图 3-3。

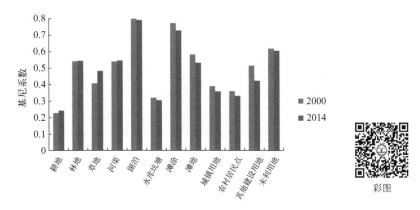

图 3-3　2000 年和 2014 年长江三角洲土地利用类型基尼系数直方图

在分析两个时段的基尼系数与洛伦茨曲线之后，发现系数、曲线与 TM 遥感解译结果之间有很高的一致性。2000 年和 2014 年各种土地类型的空间基尼系数排序有很大差别，2000 年空间基尼系数按大小依次为湖泊＞滩涂＞未利用地＞滩地＞林地＞河渠＞其他建设用地＞草地＞城镇用地＞农村居民点＞水库坑塘＞耕地，2014 年依次为湖泊＞滩涂＞未利用地＞河渠＞林地＞滩地＞草地＞

其他建设用地＞城镇用地＞农村居民点＞水库坑塘＞耕地。湖泊、滩涂和未利用的空间分布在两个时期最不均匀；耕地的不均匀程度一直排在末尾，反映出不同市耕地面积减少程度差异不大，地区间比较平衡；草地的不均匀程度显著增加；林地和河渠不均匀程度变化较小；水库坑塘、滩地、滩涂、城镇用地、农村居民点和其他建设用地的不均匀程度都有向均匀方向发展的趋势。

参考文献

[1] 张占录，张远索. 基于生态规划理念的土地利用结构分析 [J]. 农业工程学报，2010，26（S2）：355-359.

[2] 封志明，杨艳昭，宋玉，等. 中国县域土地利用结构类型研究 [J]. 自然资源学报，2003，18（5）：552-561.

[3] 刘立诚. 新疆土地类型结构及其合理利用 [J]. 新疆大学学报（自然科学版），1994（01）：91-96.

[4] WANG S Q, ZHOU Y, DONG Y H, et al. Design and applications of land resources and ecological environment information system：a case study of Zigui county in the Three Gorges area of China [J]. Pedosphere, 2002, 12（4）：373-381.

[5] 陈军伟，孔祥斌，张凤荣，等. 基于空间洛伦茨曲线的北京山区土地利用结构变化 [J]. 中国农业大学学报，2006（4）：71-74.

[6] 杨赛明. 煤矿区生态安全研究 [D]. 济南：山东师范大学，2010.

[7] 张永民，赵士洞. 科尔沁沙地及其周围地区土地利用的时空动态变化研究 [J]. 应用生态学报，2004，15（3）：429-431.

[8] 李天顺，焦彩霞，张红，等. 西安市土地利用的时空变化分析 [J]. 干旱区资源与环境，2003，17（4）：29-33.

[9] 刘孝奎，吴强. 正确运用洛伦茨曲线和基尼系数调节收入分配 [J]. 兵团职工大学学报，1999（4）：5-7.

[10] 李旭，马惠兰. 基于遥感和空间洛伦茨曲线的北京市昌平区土地利用结构时空变化分析 [J]. 浙江农业学报，2012，24（2）：284-289.

[11] 潘竟虎，石培基. 基于洛伦茨曲线和分形的甘肃省土地利用空间结构分析 [J]. 农业系统科学与综合研究，2008，24（2）：252-256.

[12] 安明珠，高敏华. 基于信息熵与空间洛伦茨曲线的土地利用结构变化——以阿克苏地区为例 [J]. 水土保持研究，2015，22（6）：307-311.

[13] 汪雪格，汤洁，李昭阳，等. 基于洛伦茨曲线的吉林西部土地利用结构变化分析 [J]. 农业现代化研究，2007，28（3）：310-313.

[14] 施卫国. 一种简易的基尼系数计算方法 [J]. 江苏统计，1997（2）：16-18.

［15］　王子龙，朱彤，姜秋香 . 黑龙江省土地利用/覆被变化及生境质量特征变化分析［J］.
　　　　东北农业大学学报，2022，53（1）：77-86.

［16］　李金雷，刘欢，哈斯娜，等 . 岱海流域土地利用动态模拟及生态系统服务价值测算
　　　　［J］. 生态学杂志：1-8.

［17］　孙德顺，曹硕，李世隆，等 . 基于土地利用覆被变化的钱江源国家公园生态服务价值
　　　　研究［J］. 北京农学院学报，2021，36（2）：107-111.

［18］　刘凤莲，杨人懿 . 武汉市土地利用变化及对生态系统服务价值的影响［J］. 水土保持
　　　　研究，2021，28（3）：177-183＋193＋2.

［19］　何毅，唐湘玲 . 1998～2018 年漓江流域土地利用变化对生态系统服务价值的影响［J］.
　　　　湖北农业科学，2020，59（22）：75.

第四章

长江三角洲土地利用
变化下的生态敏感性
分析

随着经济的快速发展，长江三角洲土地利用结构发生巨大变化，对区域生态环境产生重要影响。因此本章就土地利用变化下的生态敏感性动态演变规律进行了详细的探讨。

本章采用转移矩阵、Costanza 等提出的生态系统服务价值计算公式和马尔科夫预测方法，探讨了 2000～2014 年 15 年间不同空间尺度上的生态系统服务价值变化，并对 2015～2020 年的土地利用情况和生态系统服务价值进行预测，通过分析土地利用变化对生态系统的敏感性的影响机制，构建出基于弹性概念的生态敏感性指数模型，并利用 2015～2020 年长江三角洲的土地利用变更数据对其生态敏感性的变化规律进行研究。研究结果可为长江三角洲因地制宜的土地利用分区提供依据，使其土地利用规划更加合理，实现土地利用与生态环境的双赢。

4.1　生态敏感性分析方法

4.1.1　生态系统服务价值评价方法

本书以谢高地等提出的"中国生态系统单位面积生态服务价值当量"为基础，结合长江三角洲的实际情况进行修订，根据长江三角洲 2000～2014 年统计年鉴的相关数据，计算得到长江三角洲 2000～2014 年的平均粮食产量为 2087.42kg/hm^2，2014 年间的平均粮食价格为 2.6046 元/kg，参考谢高地关于单位生态服务价值当量因子的经济价值量等于当年全国平均粮食产量市场价值的 $1/7$ 的方法，计算出长江三角洲一个当量因子的经济价值约为 776.82 元/hm^2。由此计算出长江三角洲不同生态系统单位面积生态服务价值（表 4-1）。结合相关土地利用类型面积，根据表 4-1 对长江三角洲生态系统服务价值进行评估。其中耕地和农田对应，林地和森林对应，未利用土地和荒漠对应，城镇用地、农村居民点和其他建设用地赋值为零。

$$\text{ESV} = \sum_{i=1}^{8}(A_i \times VC_i) \tag{4-1}$$

$$\text{ESV}_f = \sum_{i=1}^{8}(A_i \times VC_{fi}) \tag{4-2}$$

式中，ESV 和 ESV_f 分别表示生态系统服务价值和第 f 项服务价值；A_i 是土地利用类型 i 的面积；VC_{fi} 是单位面积土地利用类型 i 的第 f 项服务功能价值系数；VC_i 是生态系统价值系数。

表 4-1　长江三角洲地区生态系统单位面积生态服务价值表

单项服务功能	土地利用类型/[元/(hm² · a)]				
	耕地	林地	草地	水域	未利用土地
气体调节	388.41	2718.87	621.46	0.00	0.00
气候调节	691.37	2097.41	699.14	357.34	0.00
水源涵养	466.09	2485.82	621.46	15831.59	23.30
土壤形成与保护	1134.16	3029.60	1514.80	7.77	15.54
废物处理	1273.98	1017.63	1017.63	14122.59	7.77
生物多样性保护	551.54	2532.43	846.73	1934.28	264.12
食物生产	776.82	77.68	233.05	77.68	7.77
原材料	77.68	2019.73	38.84	7.768	0.00
娱乐文化	7.77	994.33	31.07	3371.40	7.77
合计	5367.83	16973.52	5624.18	35710.42	326.26

4.1.2　生态敏感性指数

经济学家马歇尔提出了弹性的概念，指一个变量相对于另一个变量的反应程度。借用经济学中的弹性公式，构建出土地利用变化下的生态敏感性指数模型：

$$I_j = \left| \frac{\Delta\mathrm{ESV}_{j-1,j}}{\Delta L_{j-1,j}} \right| \tag{4-3}$$

$$I_j = \left| \frac{(\mathrm{ESV}_j - \mathrm{ESV}_{j-1})/\mathrm{ESV}_{j-1}}{(L_j - L_{j-1})/L_{j-1}} \right| \tag{4-4}$$

式中，I_j 代表研究区第 j 年的生态敏感性指数，$j=2015,2016,\cdots,2020$；$\Delta\mathrm{ESV}_{j-1,j}$ 代表研究区第 $j-1$ 年至第 j 年的生态系统服务价值变化率；$\Delta L_{j-1,j}$ 代表研究区第 $j-1$ 年至第 j 年的土地利用综合强度变化率。

4.1.3　马尔科夫预测方法

马尔科夫预测过程是一种具有"无后效应"的特殊随机过程，它表示随机过程 $X(t)$ 时刻 $n+1$ 的状态概率分布只与时刻 n 的状态概率分布有关，而与时刻 n 之前的状态概率分布无关。可用转移概率矩阵 $\boldsymbol{P}$，结合初始分布 $S(0)$，并利用以下公式对土地利用状况进行预测：

$$P = P_{ij} = \begin{bmatrix} p_{11} & p_{12} & \cdots & p_{1n} \\ p_{21} & p_{22} & \cdots & p_{2n} \\ \vdots & \vdots & \vdots & \vdots \\ p_{n1} & p_{n2} & \cdots & p_{nn} \end{bmatrix} \qquad (4-5)$$

式中，P_{ij} 为 i 类土地利用类型转化为 j 类土地利用类型的概率；P_{ij} 满足 2 个条件：

$$\sum_{j=1}^{n} P_{ij} = 1 \quad (i, j = 1, 2, 3, \cdots, n), 0 \leqslant P_{ij} \leqslant 1$$

平稳马尔科夫链在时刻 $T+1$ 的状态采用下式计算

$$S(T+1) = S(T)P \qquad (4-6)$$

4.1.4　土地利用综合强度

本节采用刘纪远等提出的土地利用强度综合分析方法，首先将土地利用强度分为 4 级，并分级赋予指数，其中，未利用地为 1 级，林地、草地、水域为 2 级，农业用地为 3 级，建设用地为 4 级，等级越高代表受到人为干扰的程度越高。其计算公式如下：

$$L_j = \sum_{i=1}^{n} A_i C_i \times 100\%, L_j \in [1, 4] \qquad (4-7)$$

式中，L_j 为第 j 年的土地利用综合强度，$j = 2015, 2016, \cdots, 2020$；$A_i$ 为第 i 级土地利用程度的分级数值；C_i 代表研究区内第 i 级土地利用面积占总面积的百分比；n 代表研究区内土地利用程度的分级数目，$n = 4$。

4.2　生态系统服务价值计算

根据公式（4-1），可计算得到 2000 年和 2014 年长江三角洲生态系统服务总价值量（表 4-2）以及 16 个地级市的生态系统服务价值变化情况（图 4-1）。结果表明：长江三角洲 15 年间生态系统服务总价值减少了 9.65 亿元，下降了约 0.74%，2000 年的生态系统服务总价值为 1303.89 亿元，2014 年为 1294.25 亿元。其中，林地对生态系统服务价值总量的贡献最大，分别为 41.15% 和 41.01%，而未利用地的贡献最小。从各类用地生态系统服务价值的总体变化情况来看，水域和未利用土地的生态系统服务价值呈增长趋势，水域的增加量明显，占增加总量的 93.95％；耕地、林地和草地生态系统服务价值呈降低趋势，以耕地的降低量最大，占三者降低总量的 86.56％，其次是林地，草地最低。研究期内，水域生态系统服务价值占长江三角洲生态系统服务总价值的比例增加了 3.4％，其生态系统服务价值所占比例均达 30％以上，但其面积比例却远小于此，2000 年和 2014 年长江三角洲水域面积比例分别为 11.29％和 12.18％。表明生态系统服务价值系数较高的水域面积增加已经弥补不了由于耕地和林地减少引起的生态系统服务总价值的下降，使得长江三角洲生态系统服务总价值近年来有所下降。表明长江三角洲在今后土地利用中应注重对林地和耕地生态系统的保护，继续加强生态环境建设。

表 4-2　长江三角洲地区生态系统服务价值变化

类型	ESV				变量/亿元	变化率/%
	2000 年		2014 年			
	价值/亿元	比例/%	价值/亿元	比例/%		
耕地	304.68	23.37	261.04	20.17	−43.64	−14.32
林地	536.52	41.15	530.77	41.01	−5.74	−1.07
草地	8.1938	0.63	7.21	0.56	−0.99	−12.02
水域	454.49	34.86	495.19	38.26	40.70	8.96
未利用土地	0.01	0.00	0.03	0.00	0.02	122.26
合计	1303.89	100.00	1294.25	100.00	−9.65	−0.74

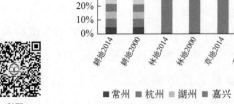

彩图

图 4-1　2000 年和 2014 年各地级市生态系统服务价值变化贡献图

4.2.1 生态系统单项服务功能总价值计算

根据公式（4-2），可计算得到 2000 年和 2014 年长江三角洲生态系统单项服务功能价值量（表 4-3）以及各市生态系统单项服务功能价值量（表 4-4，表 4-5）。可以看出研究期内生态系统各项服务功能价值的结构顺序为水源涵养＞废物处理＞土壤形成与保护＞生物多样性保护＞气候调节＞气体调节＞娱乐文化＞原材料＞食物生产。水源涵养、生物多样性保护、土壤形成与保护、废物处理这四项生态系统服务功能都占据各时期内所有功能总和的 10％以上，并且总和也超过了生态系统服务功能的 60％，说明这四项是长江三角洲地区最主要的生态系统服务功能。水源涵养、废物处理和娱乐文化价值呈不断增加的趋势，尤其是水源涵养功能价值增加程度最显著，达到 13.3 亿元，占增加量的 60.56％。这与长江三角洲水系发达、水量充沛密切相关。土壤形成与保护价值损失最大（10.5 亿元），气候调节次之（6.05 亿元），其损失均主要由林地和草地退化所致。

表 4-3　长江三角洲地区生态系统单项服务功能价值变化

生态系统服务功能	2000 年		2014 年		变量/亿元
	ESV/亿元	比例/％	ESV/亿元	比例/％	
气体调节	108.89	8.35	104.71	8.09	−4.18
气候调节	111.11	8.52	105.06	8.12	−6.05
水源涵养	307.43	23.58	320.73	24.78	13.3
土壤形成与保护	162.44	12.46	151.94	11.74	−10.5
废物处理	285.70	21.91	290.92	22.48	5.22
生物多样性保护	137.22	10.52	133.95	10.35	−3.27
食物生产	47.88	3.67	41.58	3.21	−6.3
原材料	68.41	5.25	67.09	5.18	−1.32
娱乐文化	74.82	5.74	78.26	6.05	3.44
合计	1303.9	100	1294.24	100	−9.66

表 4-4　2000 年各市生态系统单项服务功能价值变化

地区	气体调节	气候调节	水源涵养	土壤形成与保护	废物处理	生物多样性保护	食物生产	原材料	娱乐文化
常州	1.94	2.84	10.92	4.22	11.90	3.44	2.33	0.83	2.20
杭州	32.92	27.16	45.46	39.42	29.86	33.24	3.74	23.57	14.69
湖州	8.04	7.36	10.70	10.95	8.89	8.40	2.37	5.36	3.20

地区	气体调节	气候调节	水源涵养	土壤形成与保护	废物处理	生物多样性保护	食物生产	原材料	娱乐文化
嘉兴	1.32	2.32	5.28	3.65	7.32	2.28	2.43	0.33	0.86
南京	3.54	4.57	13.33	6.89	14.62	5.27	3.32	1.74	2.78
南通	3.16	5.91	20.85	9.14	25.37	6.56	6.18	0.63	3.71
宁波	12.66	11.37	17.99	16.78	14.33	13.25	3.23	8.59	5.39
上海	2.06	4.04	31.98	5.51	32.32	6.40	3.69	0.58	6.44
绍兴	13.74	11.83	18.37	17.36	13.26	14.03	2.55	9.57	5.80
苏州	2.21	4.51	51.00	5.56	49.02	8.82	3.64	0.74	10.55
泰州	1.79	3.35	9.90	5.22	12.76	3.49	3.60	0.36	1.69
台州	17.27	14.50	19.48	21.33	12.70	17.08	2.62	12.16	6.63
无锡	2.19	3.00	17.43	4.19	17.13	4.37	2.03	1.11	3.69
扬州	1.87	3.69	21.83	5.34	23.39	5.02	3.66	0.42	4.24
镇江	1.99	2.67	7.25	4.06	8.28	2.98	2.07	0.91	1.47
舟山	2.05	1.76	2.78	2.58	2.00	2.10	0.37	1.42	0.87

表 4-5　2014 年各市生态系统单项服务功能价值变化

地区	气体调节	气候调节	水源涵养	土壤形成与保护	废物处理	生物多样性保护	食物生产	原材料	娱乐文化
常州	1.74	2.53	11.84	3.68	12.33	3.31	1.99	0.78	2.43
杭州	32.58	26.73	44.10	38.76	28.38	32.73	3.41	23.40	14.40
湖州	7.85	7.14	11.22	10.57	9.19	8.27	2.18	5.27	3.32
嘉兴	1.15	2.02	5.67	3.14	7.28	2.10	2.09	0.29	0.98
南京	3.21	4.11	15.18	6.06	15.75	5.12	2.82	1.63	3.22
南通	2.83	5.43	21.99	8.24	25.81	6.28	5.69	0.58	4.02
宁波	12.23	10.96	23.86	15.91	19.17	13.52	2.82	8.39	6.66
上海	1.68	3.38	31.57	4.42	31.14	5.87	2.95	0.49	6.44
绍兴	13.53	11.52	17.89	16.88	12.55	13.74	2.27	9.48	5.71
苏州	1.63	3.55	53.35	3.88	49.85	8.37	2.51	0.62	11.18
泰州	1.61	3.07	11.41	4.70	13.71	3.44	3.25	0.33	2.05
台州	17.15	14.38	22.20	21.04	14.93	17.27	2.43	12.12	7.22
无锡	1.97	2.62	17.23	3.56	16.48	4.07	1.60	1.07	3.70
扬州	1.71	3.43	23.07	4.86	24.15	4.96	3.36	0.39	4.54
镇江	1.84	2.47	7.31	3.74	8.15	2.83	1.88	0.86	1.49
舟山	2.01	1.72	2.85	2.52	2.05	2.07	0.34	1.40	0.89

以长江三角洲地区各地级市为单位，对生态系统单项服务功能总价值变化量进行计算和比较，结果详见表 4-4 和表 4-5。可以看出：在 2000～2014 年间，16个地市的气体调节、气候调节、土壤形成与保护、食物生产和原材料价值均呈不断减少的趋势；水源涵养中除杭州、上海、绍兴和无锡下降，其他城市不断增加，其中杭州减少最多，达到 1.36 亿元；废物处理中的杭州、嘉兴、上海、绍兴、无锡和镇江处于下降的趋势；生物多样性保护只有宁波和台州分别增加0.27 亿元和 0.19 亿元；娱乐文化杭州、绍兴稍微下降。

4.2.2　生态系统服务价值空间分异

以长江三角洲 16 个地级市为单位，对生态系统服务价值变化量和变化率进行计算和比较，结果详见表 4-6。可以看出，在 2000～2014 年，杭州、湖州等 10 个市的生态服务价值处于下降趋势，其中杭州减少最多，达到 5.57 亿元，其次是上海、绍兴、无锡等市。宁波、台州、泰州、南京、扬州、常州生态系统服务价值量为净增，分别为 9.92 亿元、4.97 亿元、1.41 亿元、1.05 亿元、1.02 亿元、0.02 亿元。

表 4-6　长江三角洲地区各市生态系统服务价值空间分异

地区	ESV				变化量/亿元	排序	变化率/%	排序
	2000 年		2014 年					
	价值/亿元	比例/%	价值/亿元	比例/%				
长江三角洲	1303.89	100.00	1294.25	100.00	−9.65	—	−0.74	—
常州	40.61	3.11	40.63	3.14	0.02	16	0.05	16
杭州	250.06	19.18	244.50	18.89	−5.57	1	−2.23	6
湖州	65.27	5.01	65.00	5.02	−0.27	9	−0.41	10
嘉兴	25.79	1.98	23.45	1.81	−2.34	5	−9.07	1
南京	56.05	4.30	57.10	4.41	1.05	14	1.87	14
南通	81.50	6.25	80.88	6.25	−0.62	8	−0.76	8
宁波	103.58	7.94	113.50	8.77	9.92	11	9.58	11
上海	93.02	7.13	87.94	6.79	−5.08	2	−5.46	2
绍兴	106.51	8.17	103.57	8.00	−2.94	3	−2.76	5
苏州	136.06	10.44	134.93	10.43	−1.13	6	−0.83	7
泰州	42.16	3.23	43.58	3.37	1.41	13	3.34	13
台州	123.77	9.49	128.74	9.95	4.97	12	4.02	12
无锡	55.14	4.23	52.30	4.04	−2.85	4	−5.17	3
扬州	69.45	5.33	70.47	5.45	1.02	15	1.47	15
镇江	31.67	2.43	30.58	2.36	−1.09	7	−3.44	4
舟山	15.93	1.22	15.82	1.22	−0.11	10	−0.69	9

从变化幅度来看，生态系统服务价值变化率下降最快的是嘉兴，达到了 -9.07%，其次是上海、无锡，分别达到了 -5.46%，-5.17%；其余地级市的变化幅度均在 ±5% 以内。

4.3 马尔科夫预测

运用马尔科夫过程进行预测的关键在于转移概率的确定。本节先用 ENVI 5.1 软件中的 Class Statistics 工具统计长江三角洲 2014 年土地利用类型面积，形成初始状态矩阵，再用 ENVI 5.1 软件对长江三角洲 2000 年和 2014 年的遥感影像分类结果图进行转移矩阵计算，获得各种土地类型之间的转化关系，见表 4-7。

表 4-7　2000~2014 年长江三角洲地区土地利用各类型转化情况

类型	耕地	林地	草地	水域	城镇用地	农村居民点	其他建设用地	未利用地	面积减少合计
耕地	47946.59	89.49	10.70	1034.18	4166.05	2435.50	997.85	18.75	8752.52
林地	63.06	31053.34	29.73	34.77	92.52	72.36	159.97	35.73	488.14
草地	29.41	17.36	1187.03	124.36	11.26	4.17	74.80	2.77	264.13
水域	331.81	5.89	19.89	11722.07	134.35	47.15	288.34	4.51	831.94
城镇用地	19.98	1.61	0.06	1.97	3391.69	160.33	1.57	0.13	185.65
农村居民点	121.67	5.97	0.02	35.58	826.60	4999.70	18.10	2.47	1010.41
其他建设用地	15.63	3.03	0.04	9.91	112.76	9.73	390.64	9.12	160.22
未利用地	12.42	1.15	0.00	0.32	2.06	0.81	5.81	21.92	22.57
面积增加合计	593.98	124.50	60.44	1241.09	5345.60	2730.05	1546.44	73.48	—

由表 4-7 可以看出，2014 年长江三角洲城镇用地面积共增加了 5345.60km²。有 4166.05km² 来自耕地，92.52km² 来自林地，11.26km² 来自草地，134.35km² 来自水域，826.60km² 来自农村居民地，还有 112.76km² 和 2.06km² 分别来自其他建设用地和未利用土地。同样了解到林地、草地、水域等土地利用类型的转变及其构成。其中 2014 年耕地面积减少最多，主要转化为城镇用地和农村居民

用地。

利用已求出的 2000～2014 年内的土地利用各类型面积转移矩阵，求出该时间段内各个土地利用类型的年平均转移概率，构成初始状态转移矩阵，即年平均转移概率矩阵，见表 4-8。利用 $P(n)=P_n(n=1,2,3,\cdots,6)$ 求得最终转移概率矩阵（初始状态转移矩阵对应 $n=0$）。以 $n=6$ 为例，最终转移概率矩阵见表 4-9。最后用初始状态矩阵与转移概率矩阵相乘（运算过程采用 Matlab 软件进行），即可得最终状态矩阵，即 2020 年预测的长江三角洲各土地利用类型面积。用同样的方法预测 2015～2020 年长江三角洲各土地利用类型面积并求得生态系统服务总价值、土地利用强度和生态敏感性指数（表 4-10）。

表 4-8　初始状态各土地利用类型转移概率矩阵（$n=0$）

类型	耕地	林地	草地	水域	城镇用地	农村居民点	其他建设用地	未利用土地
耕地	0.8456	0.0016	0.0002	0.0182	0.0735	0.0430	0.0176	0.0003
林地	0.0020	0.9845	0.0009	0.0011	0.0029	0.0023	0.0051	0.0011
草地	0.0203	0.0120	0.8180	0.0857	0.0078	0.0029	0.0515	0.0019
水域	0.0264	0.0007	0.0016	0.9337	0.0107	0.0038	0.0230	0.0004
城镇用地	0.0056	0.0004	0.0000	0.0005	0.9481	0.0448	0.0004	0.0000
农村居民点	0.0202	0.0010	0.0000	0.0059	0.1375	0.8319	0.0030	0.0004
其他建设用地	0.0284	0.0055	0.0001	0.0180	0.2047	0.0177	0.7091	0.0166
未利用土地	0.2792	0.0259	0.0000	0.0072	0.0463	0.0183	0.1306	0.4926

表 4-9　2020 年各土地利用类型转移概率矩阵（$n=6$）

类型	耕地	林地	草地	水域	城镇用地	农村居民点	其他建设用地	未利用土地
耕地	0.3352	0.0094	0.0008	0.0720	0.3909	0.1550	0.0349	0.0016
林地	0.0143	0.8974	0.0036	0.0093	0.0395	0.0155	0.0172	0.0025
草地	0.0912	0.0521	0.2467	0.2920	0.1744	0.0432	0.0962	0.0050
水域	0.1051	0.0067	0.0053	0.6322	0.1464	0.0427	0.0607	0.0025
城镇用地	0.0325	0.0033	0.0000	0.0079	0.7813	0.1697	0.0038	0.0002
农村居民点	0.0645	0.0059	0.0002	0.0268	0.5376	0.3537	0.0099	0.0007
其他建设用地	0.0848	0.0208	0.0005	0.0533	0.6035	0.1259	0.1040	0.0069
未利用土地	0.2743	0.0557	0.0007	0.0572	0.3992	0.1274	0.0745	0.0110

表 4-10   2015～2020 年各类土地利用面积及生态系统服务价值预测

项目		2015	2016	2017	2018	2019	2020	变化率 /%
土地利用面积 /(km²)	耕地	3624200	3155300	2763600	2436000	2161400	1930900	−46.72
	林地	3055700	3020600	2985300	2950100	2915100	2880200	−5.74
	草地	96700	84800	75000	66900	60100	54400	−43.74
	水域	1413600	1410500	1399500	1381800	1359000	1332600	−5.73
	城镇用地	1807900	2214900	2583000	2914400	3211800	3478300	92.39
	农村居民点	1015900	1101100	1170300	1227500	1275600	1316800	29.62
	其他建设用地	338800	363200	372100	371100	364000	353300	4.28
	未利用土地	17600	19900	21300	21900	22100	22000	25
	合计	11370400	11370500	11370100	11369700	11369100	11368500	−0.02
生态系统服务价值/亿元		1223.50	1190.67	1159.11	1128.78	1099.57	1071.53	−12.42
土地利用综合强度		2.88	2.93	2.97	3.01	3.05	3.08	6.94
生态敏感性指数		1.29	1.60	1.80	2.01	2.24	2.46	90.69

通过公式（4-1）、公式（4-2）、公式（4-5）、公式（4-6）和公式（4-7）计算出长江三角洲土地利用情况、综合强度和生态系统服务价值。其中耕地、林地、草地以及水域呈逐年减少，城镇用地、农村居民点、其他建设用地和未利用地呈逐年增加的趋势，这与前期的土地利用变化趋势相似。耕地面积比例下降幅度较大，由 2015 年的 3624200km² 减少到 2020 年 1930900km²；与此同时城镇用地面积比例上升幅度最大，增加了 92.39%。长江三角洲林地、水域变化不大，其波动范围在 5.00%～6.00% 之间，两者主要以转化为耕地为主，反映出长江三角洲植树造林、结构调整等改善长江三角洲生态环境的计划有突出效果。由于城市的快速发展开发占用河流的大片滩地，以及一些水库、坑塘转化为耕地的现象逐渐减少，土地利用综合强度由 2015 年的 2.88 增加到 2020 年的 3.08，呈递增趋势；生态系统服务价值由 1223.50 亿元减少到 1071.53 亿元，呈递减趋势，两者随时序的变化情况如图 4-2 所示。

图 4-2 表明长江三角洲整体的生态系统服务价值与土地利用综合强度均呈现很高的负相关，因此，长江三角洲的生态系统与土地利用变化之间存在相关关系，即土地利用变化对生态系统存在影响。通过公式（4-3）和公式（4-4）计算长江三角洲的生态敏感性指数，利用该指数，从生态敏感性分区角度对其生态敏感性程度进行时空规律评价。

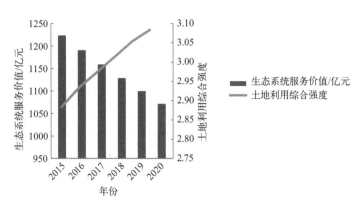

图 4-2　生态系统服务价值与土地利用综合强度关系图

　　总体来看，长江三角洲的生态敏感性指数由 2015 年的 1.29 上升到 2020 年的 2.46，呈上升趋势，上升幅度较大，不稳定。根据表 4-10，首先设定长江三角洲生态敏感性指数的分类阈值。长江三角洲的生态敏感性指数范围 $I \in$ [1.29,2.46]，通过参照相关文献，设定 $I < 1$ 时为非生态敏感性。主要分为两种情况：一是一旦形成人工生态系统，就不会向自然生态系统转变，成为不敏感区域；二是如果前后两期土地利用类型不发生变化，生态系统服务价值也不发生变化，成为不敏感区域。长江三角洲的生态敏感性指数范围是 [1.29, 2.46]，因此在等分四级时，每级 I 值的变化范围为 (2.46 − 1.29)/4 = 0.2925，保留两位小数为 0.29。按照该种分级方法，分级结果为：第 I 级是低度生态敏感性，$I \in$ [1.29,1.58]；第 II 级是中度生态敏感性，$I \in$ [1.58, 1.88]；第 III 级是高度生态敏感性，$I \in$ [1.88,2.17]；第 IV 级是极度生态敏感性，$I \in$ [2.17,2.46]。

　　同时采用马尔科夫模型预测 16 个地级市 2015～2020 年的土地利用结构，通过公式 (4-1)、公式 (4-2)、公式 (4-5)、公式 (4-6)、公式 (4-7) 分别计算出 16 个地市的生态系统服务价值和土地利用综合强度 (表 4-11)。

表 4-11　2015～2020 年 16 个地市的生态系统服务价值和土地利用综合强度

地区	生态系统服务价值/亿元						土地利用综合强度					
	2015	2016	2017	2018	2019	2020	2015	2016	2017	2018	2019	2020
常州	40.62	40.60	40.58	40.56	40.54	40.52	3.10	3.13	3.16	3.19	3.21	3.22
杭州	348.1	322.8	299.7	278.7	259.5	242.2	3.17	3.23	3.30	3.35	3.40	3.44
湖州	40.09	39.74	39.35	38.91	38.45	37.95	3.07	3.11	3.14	3.17	3.20	3.22
嘉兴	21.30	20.11	19.06	18.08	17.19	16.37	3.36	3.42	3.48	3.52	3.56	3.60

续表

地区	生态系统服务价值/亿元						土地利用综合强度					
	2015	2016	2017	2018	2019	2020	2015	2016	2017	2018	2019	2020
南京	58.53	59.02	59.37	59.60	59.76	59.83	3.10	3.13	3.16	3.18	3.21	3.22
南通	64.27	58.92	54.17	49.97	46.24	42.91	3.17	3.24	3.29	3.35	3.39	3.43
宁波	89.72	86.37	83.41	80.74	78.30	76.05	2.79	2.84	2.89	2.93	2.97	3.00
上海	67.98	61.70	56.16	51.26	46.89	42.99	3.31	3.40	3.47	3.53	3.58	3.62
绍兴	96.57	93.93	91.52	89.39	87.41	85.63	2.57	2.62	2.65	2.69	2.72	2.75
苏州	130.6	128.0	125.2	122.4	119.6	116.9	3.02	3.07	3.11	3.14	3.16	3.19
泰州	45.03	45.62	46.08	46.41	46.62	46.76	3.16	3.19	3.23	3.25	3.28	3.30
台州	115.8	113.5	111.2	108.9	106.8	104.7	2.46	2.50	2.53	2.56	2.60	2.62
无锡	48.05	46.46	45.13	44.02	43.06	42.23	3.12	3.17	3.21	3.25	3.27	3.29
扬州	69.38	68.93	68.44	67.94	67.43	66.89	3.03	3.07	3.10	3.12	3.15	3.17
镇江	28.60	27.88	26.91	26.23	25.37	24.97	3.10	3.12	3.16	3.19	3.20	3.23
舟山	15.21	14.98	14.76	14.55	14.34	14.13	2.56	2.59	2.61	2.64	2.66	2.68

参考文献

[1]　COSTANZA R，D'ARGE R，GROOT R D，et al. The value of the world's ecosystem services and natural capital [J] . Nature，1997，25（1）：3-15.

[2]　西藏自治区土地管理局 . 西藏自治区土地利用 [M] . 北京：科学出版社，1992.

[3]　XIE G D，ZHEN L，LU C X，et al. Expert knowledge based valuation method of ecosystem services in China [J] . Journal of Natural Resources，2008，23（5）：911-919.

[4]　谢高地，鲁春霞，冷允法，等 . 青藏高原生态资产的价值评估 [J] . 自然资源学报，2003，18（2）：189-196.

[5]　阿弗里德马歇尔 . 经济学原理（下）[M] . 北京：商务印书馆，1981.

[6]　VAN HULST R. On the dynamics of vegetation：Markov chains as models of succession [J] . Vegetatio，1979，40（1）：3-14.

[7]　胡汝晓，赵松义，谭周进，等 . 烟草连作对稻田土壤微生物及酶的影响 [J] . 核农学报，2007，21（5）：494.

[8]　王晓峰，任志远，黄青 . 农牧交错区县域土地利用变化及驱动力分析——以陕北神木县为例 [J] . 干旱区地理，2003，26（4）：402-407.

[9]　郜鲁豪，徐旌 . 基于 Markov 模型的安宁市土地利用预测 [J] . 云南地理环境研究，2010，22（3）：87-89.

[10]　蓝永超，丁永建，康尔泗，等 . 黑河流域水资源动态变化及其趋势的灰色 Markov 链

预测［J］．中国沙漠，2003，23（4）：435.

［11］ 李黔湘，王华斌．基于马尔柯夫模型的涨渡湖流域土地利用变化预测［J］．资源科学，2008，30（10）：1541-1546.

［12］ 刘乐怡，杨双娜，张龙，等．基于土地利用演变的生态敏感性评价——以香格里拉市为例［Z］//西部林业科学：卷50.2021：124-131.

［13］ 李坤洋，杜营彬，鲁琳．基于GIS的生态敏感性评价与山体修复策略——以青海同仁市隆务西山为例［J］．湖南生态科学学报，2021，8（4）：72-83.

［14］ 彭琳玉，胡希军．基于GIS的湖南省植物园生态敏感性分析［Z］//绿色科技：卷23.2021：9-14.

［15］ 赖玉萍，郑林．基于GIS的赣南丘陵地区生态敏感性研究——以赣县河埠村为例［J］．农村经济与科技，2021，32（13）：10-13.

［16］ 袁领兄，李坤，范舒欣，等．基于GIS的太原市土地生态敏感性评价［J］．中国城市林业，2021，19（3）：19-24.

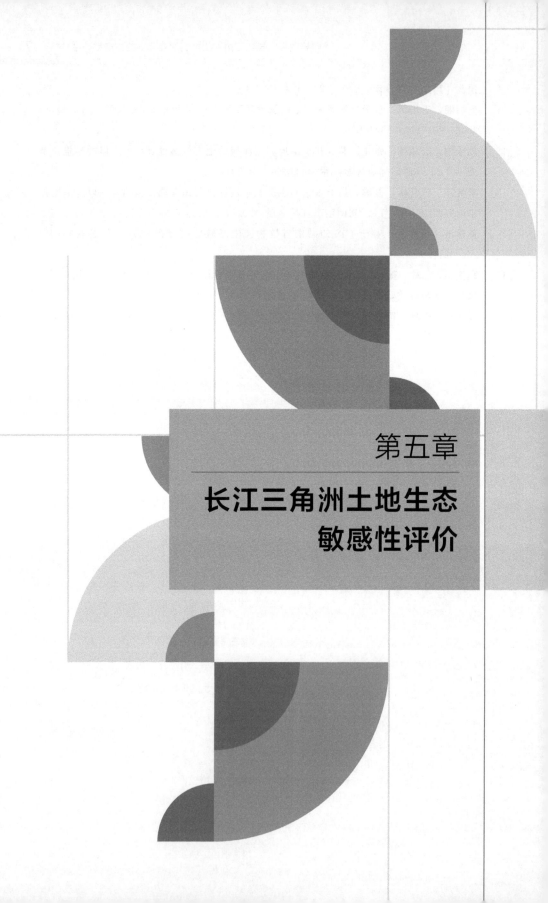

第五章

长江三角洲土地生态
敏感性评价

5.1 评价方法与数据处理

本章中使用区统计法叠加以进行数据统计，该方法以一个数据作为基础数据去统计另外一个不同类型的数据。可以统计的值包括最大值、最小值、标准差、均值等。首先使用区统计对数据进行统计，然后用变异系数法对评价因子的权重进行计算，最后叠加得出综合评价结果。

生态系统是一个复杂、综合的环境，其敏感性影响因子同样错综复杂，难以用简单的指标来衡量。由于生态环境敏感性的成因及表现特征多种多样。如果把所有成因及表现特征均考虑到生态环境敏感性评价指标体系中，将加大不必要的工作量。因此，在土地生态环境敏感性评价中，能否恰当地选取因子是评价结果科学性和可靠性的保障。结合各类文献以及综合考虑长江三角洲的实际情况，兼顾指标的可操作性（即指标的易获性）和主成分性原则，最终选取了水环境、土地利用类型、土壤质地、自然保护区和道路交通这 5 个因子作为评价因子，结合 5 个评价因子对土地利用生态敏感性影响程度的差异，查阅相关文献的分级标准将敏感区划分为极敏感区、高度敏感区、中度敏感区、轻度敏感区和不敏感区，制作成 5 个评价因子敏感性矢量图，再将其转换成栅格数据。使用 ArcMap 空间分析模块中的区统计方法，把 16 个评价单元构成的地级市行政区划矢量数据作为统计单元分别区统计 5 项因子栅格数据，获得 5 项因子的统计指数（表 5-1）。本章选用均值作为各评价单元中 5 个评价因子的指数，利用 ArcMap 自然断点法将 5 项评价因素指数划分为 5 个不同等级，结果如图 5-1 所示。详细的分级依据主要参考原国家环境保护总局《生态功能区划暂行规程》和相关文献确定，见表 5-2。

表 5-1 长江三角洲 16 个地市评价因子统计指数（均值）

地区	自然保护区	水环境	土地利用类型 （2000 年）	土地利用类型 （2014 年）	土壤质地	道路交通
上海	8.7857	1.1133	3.6225	3.3433	7.3642	7.5877
南京	3.1250	4.1665	3.6752	3.5569	7.9973	7.9038
南通	7.1200	5.0934	3.3809	3.2187	6.0193	7.2242
常州	3.0000	3.7560	3.6781	3.4646	8.0162	7.8166
扬州	3.0808	6.6766	3.5303	3.5039	7.0154	7.5105
无锡	7.0000	5.9663	4.1055	3.8509	7.4866	7.7682
泰州	6.0000	4.5556	3.1033	3.0324	6.7341	8.1058
苏州	9.0000	6.0934	4.3079	4.1145	7.3435	6.7079

续表

地区	自然保护区	水环境	土地利用类型（2000 年）	土地利用类型（2014 年）	土壤质地	道路交通
镇江	0.0000	5.9256	3.6238	3.5670	7.9271	8.1043
台州	0.0000	1.0000	6.8962	6.7971	4.1217	6.4380
嘉兴	0.0000	4.2244	2.9059	2.7535	7.9966	6.6998
宁波	0.0000	1.0019	5.8221	5.5416	5.5357	6.7144
杭州	0.0000	3.5824	7.2908	7.1828	8.5380	6.5360
湖州	0.0000	3.5046	5.6529	5.5502	7.8765	7.4086
绍兴	0.0000	1.3867	6.4496	6.3317	6.9677	7.6405
舟山	0.0000	1.0000	6.3775	6.1464	4.8720	2.3313

表 5-2 土地生态环境敏感性评价指标体系

评价因子	评价因子分级标准				
	极敏感 9	高度敏感 7	中度敏感 5	轻度敏感 3	不敏感 1
水环境	<5km 缓冲区	5～<10km 缓冲区	10～<20km 缓冲区	20～<30km 缓冲区	≥30km 缓冲区
土地利用类型	林地	水域	草地	耕地	建设用和未利用地
土壤质地	粉土、砂粉土	粉黏土、壤黏土、沙黏土	砂粉土	黏土、细砂土	粗砂土
自然保护区	国家级	省级	市级	县级	—
道路交通	<5km 缓冲区	5～<10km 缓冲区	10～<20km 缓冲区	20～<30km 缓冲区	≥30km 缓冲区

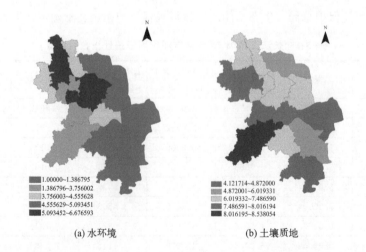

(a) 水环境   (b) 土壤质地

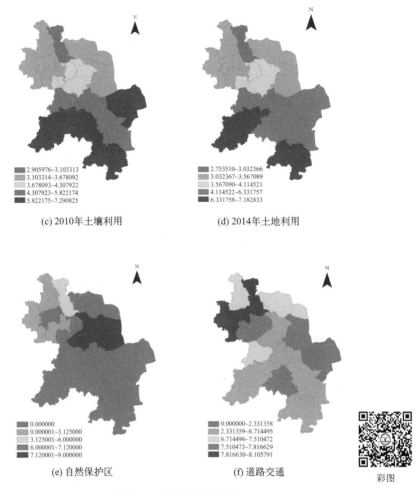

(c) 2010年土壤利用 (d) 2014年土地利用

(e) 自然保护区 (f) 道路交通

彩图

图 5-1 单因子评价结果

(1) 水环境因子

长江三角洲地区河川纵横，水系众多，2014 年水域面积 48630.74km^2，由北向南有淮河、长江、钱塘江等三大水系。太湖是长江三角洲大型湖泊之一，面积达 2427.8km^2。河流、湖泊不仅为水生动植物提供了生存的环境，为周边的动植物提供了生命必需的水资源，确保动物的生存和植物的生长，还能够调节气温和湿度，调节小气候，改善空间环境，对于维持自然界正常的水循环也起着至关重要的作用。水环境是本研究中最重要的因子之一，水源的涵养对环境可持续发展极为重要，因此水环境的敏感性主要考虑水源涵养的重要性。本研究只对地表水的敏感性进行评价，选取淮河、钱塘江、太湖等主要河流和湖泊。利用

ArcGIS多环缓冲区系统工具（Analysis-多环缓冲区），缓冲距离分别输入5km、10km、20km、30km，输出多环缓冲区，再在多环缓冲区的图层属性表里添加新字段评价值，根据离水体由近到远分别赋予评价值9、7、5、3，生成水环境多环缓冲区图，如图5-2(a)。

（2）土地利用类型因子

不同土地利用类型的生态服务功能和生态敏感性也不尽相同。以建设用地为主的土地生态系统结构相对稳定，而城镇、农村居民点周边对土壤具有重要防护作用的林地、草地则更容易受到人为或自然的影响。选择土地利用类型作为长江三角洲敏感性研究的指标之一，不仅能发现影响敏感性的主导土地类型，还能根据目前土地利用分布情况，结合生态环境问题现状，合理、科学地规划未来的土地利用。长江三角洲境内拥有大面积的耕地、林地和水域等资源，草地也有相当规模的分布。但是随着经济的快速发展、人口剧增以及土地利用集约化水平的提高，建设用地的蔓延导致生态用地的开发程度很高，对土地生态环境产生严重的影响，在某些方面可能对区域的可持续发展起到阻碍作用。由此，根据该区土地利用方式特点，可对区域内不同的土地利用类型进行等级划分并赋分。

（3）土壤质地因子

土壤质地关系土壤的物理性质、工程性质以及保水保肥和抗蚀能力。土壤质地组成主要包括砂砾、粉粒和黏粒3类，根据国际制土壤质地系统的规定，粒径<0.002mm土粒为黏土，0.02~0.002mm土粒为粉粒，2~0.02mm为砂粒。参考长江三角洲土壤类型分布图提取了长江三角洲地区的土壤属性，长江三角洲土壤质地主要为粉土、砂粉土、粉黏土、壤黏土、砂黏土、黏土、细砂土和粗砂土。通常情况下，粉土和壤黏土持水性差，土壤侵蚀极敏感，不敏感区地表组成物质较粗，土壤以粗砂土为主。可根据土壤性质、土壤有机质含量对不同类型的土壤进行等级划分。

（4）自然保护区因子

生境敏感性是指生物栖息地受人为因素或自然条件干扰的敏感性程度。本书采用自然保护区的级别来反映生境的敏感程度。较高级别的自然环境保护区生态系统完整、物种丰富、敏感性高，反之，低级别自然保护区的生态敏感性相对较低。独特的自然条件虽然赋予了长江三角洲复杂、多样的生物种类，但同时也表现出其种群密度小、保护区单元小、自然恢复能力弱等缺点。当受到外界因素强烈入侵时，生物链就很容易断裂，导致物种简单化、总量减少、生态系统失衡，而丰富的物种是土地生态环境系统的重要组成部分。上海市有国家级自然保护区九段沙湿地，省级保护区长江口中华鲟、金山三岛等；江苏有宝华山、高邮绿洋湖、海岸沿海防护林等；浙江有长兴地质遗迹、檀山头岛、天目山等。在查阅了相关资料的基础上，结合长江三角洲的实际生境情况，根据区域内国家级、省级、市级、县级保护对象等级进行分级。

（5）道路交通因子。

交通运输不仅促进社会经济的发展，提高全国信息与物质交流能力、服务水平，对国防建设也有不容小觑的影响。2009 年长江三角洲，公路总里程达 26.24万千米，其中高速公路总里程达 7821km，同比分别增长 0.77％和 5.21％，是中国交通最为发达的地区之一。交通的优越性，给长江三角洲的发展带来了巨大动力，但与此同时，道路这一人为干扰也对长江三角洲造成了某种程度的破坏。本章选取京沪铁路、沪宁高铁、沪杭高铁、宁杭高铁等主要道路向两侧梯度扩展，距离道路越近，敏感性较高，并按照距离逐步递减，做出主要道路交通的四级缓冲区，将道路交通分成四个等级，如图 5-2（b）。

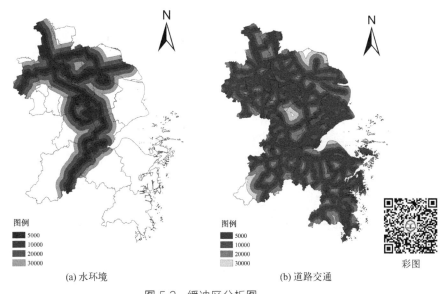

图 5-2　缓冲区分析图

5.2　评价因子权重确定

通过综合自然环境保护区、土壤质地、水环境、土地利用类型、道路交通等生态敏感性基本指标，构成生态敏感性分析基础指标体系。因不同区域生态系统存有差异，各项指标对生态环境敏感性贡献程度的大小也不同，为了体现各项指标的相对重要性，必须确定各个指标的权重。权重是主要体现评价指标体系中单项指标重要性程度及其评价能力的一种多指标综合评价的重要因素。本书中评价因子的权重通过变异系数法求得，与以往定性方法相比更加客观可信，即根据16个地级市为评价单元的5项因子指数，统计得出5项因子的均值和标准差，从而计算变异系数，用各因子变异系数占因子变异系数和的比重来确定各因子的权重。

计算公式如下：

$$\omega = \frac{V}{\sum\limits_{i=1}^{n} V_i} = \frac{S/\overline{x}}{\sum\limits_{i=1}^{n} (S_i/\overline{x_i})} \qquad (5\text{-}1)$$

式中，ω 为评价因子权重；V 为评价因子变异系数；S 为评价因子标准差；$\overline{x}$ 为评价因子均值；i 为评价因子数，$i=1,2,3,4,5$。

计算过程和结果（以2000年为例）如表5-3所示。

表5-3　变异系数法确定评价因子权重

项目	水环境	土地用类型	土壤质地	道路交通	自然保护区
平均值	3.69	4.65	6.99	7.03	5.89
标准差	1.97	1.44	1.21	1.33	2.36
变异系数	0.53	0.31	0.17	0.19	0.40
归一化权重	0.33	0.19	0.11	0.12	0.25

5.3　综合评价方法

单因子敏感性分析出的结果，只能反映某一因子对生态敏感性的单一作用程度，不能反映出生态敏感性综合分异特征。某一因子受外界因素的干扰程度直接影响整体生态系统的破坏。因此，必须将上述各因子按权重叠加进行综合评价，才能全面地反映出一个地区的生态敏感性综合差异及其敏感性程度。

利用ArcGIS的字段计算器对各地级市的土地利用类型、土壤质地、水环境、道路交通和自然保护区5项因子进行加权求和，得到16个地级市的综合敏感性指数（表5-4）。计算公式如下：

$$F = \sum_{n=1}^{n} w_i p_i \qquad (5\text{-}2)$$

式中，F 为综合土地生态敏感性指数；p_i 为评价因子指数。

表 5-4　各地级市的综合敏感性指数

项目		上海	南京	南通	常州	扬州	无锡	泰州	苏州	镇江	台州	嘉兴	宁波	杭州	湖州	绍兴	舟山
年份	2000	4.2767	4.2514	5.5196	4.0301	5.2687	6.0771	5.0538	6.5468	4.2572	2.5290	3.2059	2.3551	3.7513	3.5035	2.7543	1.9453
	2014	4.2172	4.2242	5.4737	3.9855	5.2523	6.0139	5.0272	6.494	4.2419	2.5378	3.1738	2.322	3.753	3.4972	2.755	1.9283
敏感性等级		中度敏感	中度敏感	高度敏感	中度敏感	高度敏感	极敏感	高度敏感	极敏感	中度敏感	不敏感	轻度敏感	不敏感	轻度敏感	轻度敏感	不敏感	不敏感

采用 ArcMap 的自然断点法将综合土地生态环境敏感性指数分为极敏感区、高度敏感区、中度敏感区、轻度敏感区和不敏感区 5 级，制作成长江三角洲土地生态敏感性指数图，结果见图 5-3。

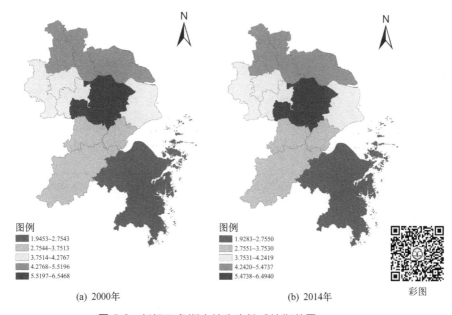

图例
■ 1.9453~2.7543
▨ 2.7544~3.7513
□ 3.7514~4.2767
▨ 4.2768~5.5196
■ 5.5197~6.5468

(a) 2000年

图例
■ 1.9283~2.7550
▨ 2.7551~3.7530
□ 3.7531~4.2419
▨ 4.2420~5.4737
■ 5.4738~6.4940

(b) 2014年

彩图

图 5-3　长江三角洲土地生态敏感性指数图

5.4　单因子敏感性评价

结合单因子敏感性分布图，统计在 ArcGIS 中属性表的情况，得出五个敏感性评价因子中 5 个不同等级所占的比例情况以及各地级市的敏感性情况，如表 5-2、

表 5-5、表 5-6 和图 5-1 所示。

表 5-5 单要素敏感性分级评价结果

评价指标	占总土地面积/%				
	极敏感	高度敏感	中度敏感	轻度敏感	不敏感
水环境	17.29	7.75	13.30	19.68	41.98
土地利用类型(2000 年)	37.18	14.07	9.78	30.40	8.58
土地利用类型(2014 年)	21.95	29.26	9.75	30.42	8.62
土壤质地	12.37	19.42	31.64	17.47	19.11
道路交通	11.89	19.42	16.90	42.18	9.61
自然保护区	13.16	11.11	4.22	12.75	58.75

表 5-6 不同敏感区分布情况

评价指标	各市分布情况(极敏感区;高度敏感区;中度敏感区;轻度敏感区;不敏感区)
水环境	扬州、无锡、苏州、镇江;南通;南京、泰州、嘉兴;常州、杭州、湖州;上海、台州、宁波、绍兴、舟山
土地利用类型(2000 年)	台州、杭州、绍兴、舟山;宁波、湖州;无锡、苏州;上海、南京、南通、常州、扬州、镇江;泰州、嘉兴
土地利用类型(2014 年)	台州、杭州;宁波、湖州、绍兴、舟山;无锡、苏州;上海、南京、南通、常州、扬州、镇江;泰州、嘉兴;
土壤质地	杭州;南京、常州、镇江、嘉兴、湖州;上海、扬州、无锡、泰州、苏州、绍兴;南通、宁波;舟山、台州
道路交通	南京、泰州、镇江;上海、常州、无锡、绍兴;南通、扬州、湖州;苏州、台州、嘉兴、宁波、杭州;舟山
自然保护区	上海、苏州;南通、无锡;泰州;南京、常州、扬州;镇江、台州、嘉兴、宁波、杭州、湖州、绍兴、舟山

5.4.1 水环境生态敏感区

长江三角洲水环境的生态高度敏感区、中度敏感区、轻度敏感区、不敏感区分别占研究区域总面积的 7.75%、13.30%、19.68%、41.98%。极敏感区占 17.29%,为长江、京杭运河(里运河)、通榆运河、钱塘江、富春江等重要河道及其周边 5km 范围的一类缓冲区，该区域距离水体近，生态敏感性强，生态异常脆弱，需要在周围建立生态缓冲区，加强水体的治理和保护，主要分布在扬州、镇江、无锡和苏州；高度敏感区、中度敏感区、轻度敏感区主要分布在南通、南京、泰州、嘉兴、常州、杭州、湖州市；不敏感区主要为骨干水域 30km 以外的五类缓冲区，该区域距离水体较远，生态敏感性较弱，分布在上海、台州、宁波、绍兴和舟山，在此区域可以适当地、科学地合理开发水利旅游资源，形成有效的可持续发展的旅游发展战略。

5.4.2　土地利用类型生态敏感区

土地生态敏感性受人为因素的影响较大，在这里主要将不同土地利用类型分等级来反映人为因素的敏感程度。计算得到土地利用类型敏感性指数值大约介于 2.7534～7.2908。总体来看，研究区敏感性以极敏感、轻度敏感为主，2000 年、2014 年分别占全区面积的 67.58% 和 52.37%。

2000 年，长江三角洲土地利用类型敏感性指数在 2.9059～7.2908 之间，极敏感和高度敏感区集中于林地和水体及其周边地区，占研究区比例为 51.25%，主要分布在台州、杭州、绍兴、舟山、宁波和湖州；中度敏感区占研究区比例为 9.78%，主要分布在无锡，苏州；轻度敏感和不敏感区集中于长江三角洲的建设用地，该区域人类开发活动影响很大，原生的自然景观已经被人工景观所取代，城市化的水平较其他区域高，生态系统也就更加稳定，主要分布在上海、南京、南通、常州、扬州、镇江、泰州、嘉兴 8 个市，占 38.98%。

2014 年，土地利用类型极敏感区分布在台州、杭州，其敏感性指数分别为 6.7971 和 7.1828；西北部和东北部地区为轻度敏感区，其敏感性指数在 3.0323～3.5670 之间；泰州和嘉兴地区指数较低，其敏感性指数在 2.7535～3.0323 之间；无锡、苏州地区指数居中。台州、舟山、绍兴、杭州生态用地的规模和所占比例都比较大，从城市未来建设可利用地的角度来看这 4 个城市尚且有一定的外向扩张空间。泰州、嘉兴等城市空间不适合进一步发展，如果在城市化道路上一意孤行，势必会向自然保护区、基本水源、农田等生态敏感区方向发展，引起生态系统严重失衡。目前应该对现有的分散城镇与村镇进行整合，防止城市进一步无序向外蔓延，以免破坏整个长江三角洲区域的自然生态环境。

5.4.3 土壤质地生态敏感区

从图 5-1 可以看出，长江三角洲土壤质地敏感性指数在 4.122～8.538 之间，敏感性以中度敏感为主，占全区面积的 31.64%。敏感性指数高的地区主要集中在西北部及西南部地区，东南部地区敏感性指数相对较低。长江三角洲 6 个地级市，其敏感性指数在 6.0193～7.4865 之间；南京、常州、镇江、嘉兴、湖州，其敏感性指数在 7.486～8.016 之间；杭州敏感性指数为 8.53980，这 6 个地区土壤质地敏感性指数高于其他地级市。

5.4.4 自然保护区生态敏感区

通过统计分析，极敏感区占到总面积的 13.16%，主要集中在上海市和苏州市的九段沙湿地、野生动物、海岛生态系统及森林、北亚热带常绿阔叶林和天目玉兰等自然保护区，分布较为零散。长江三角洲南部的自然保护区敏感指数较低，特别是镇江、台州、绍兴、舟山等区域县级以上自然保护区寥寥无几，占研究区域总面积的 58.75%。针对极敏感区、高度敏感区、中度敏感区和轻度敏感区的具体情况，可以采用分级保护，将长江三角洲进行区划。国家级自然保护区视为核心保护区，实行强制性的保护措施。在核心保护区不得建设旅馆、疗养院、会所等任何与景区保护无关的项目，如有修复性建设确实需要，也要经过严格审批工作。禁止人造景观的私自建造，不得建设各类开发区和度假区，并严格禁止任何经营性活动的进行；省级和市级自然保护区作为二级保护区，在该区域及其周边环境内严格限制开发建设的进行，限制机动交通及机动设施的进入。控制游人的数量，必要时可配置少量的步行游览栈道和相关安全防护设施，局部地段可以配备环保型电瓶观光车。针对自然环境、植被、水体、山脉有破坏影响的相关建设，要严格禁止；县级自然保护区可视为三级自然保护区，对现有的自然保护区进行重点保护，值得注意的是其周边的环境也应划入保护范围，确保景区整体环境的协调。应严格限制开发建设行为，如旅游发展确实需要，可以布置少量旅宿设施。对于机动交通工具，应严格限制数量，除局部需要外不得进入。

5.4.5 道路交通生态敏感区

结合 ArcGIS 的缓冲区分析，按表 5-2 的分级标准划分不同敏感性等级，图

5-1(f) 中红色系的由深到浅反映了道路对周边环境的影响由重到轻。根据距离道路的远近,依次将研究区划分为极敏感区、高度敏感区、中度敏感区、轻度敏感区、不敏感区五个分区,分别占研究区域总面积的 11.89%、19.42%、16.90%、42.18%、9.61%。其中极敏感区和高度敏感区主要分布在南京、泰州、镇江和上海、常州、无锡、绍兴,这些区域的主要道路周边的动植物资源都受到了一定的影响与破坏,需要建立生态缓冲区,加强保护。舟山的敏感性指数最小,为 2.3313,其他城市均达 6 以上,可以适当加强舟山道路建设,为其经济快速发展带来动力。

5.5 生态敏感性综合评价

根据公式 (5-2),在 ArcGIS 技术支持下,利用多因子加权求和模型,对水环境敏感性指数图、土壤质地敏感性指数图、道路交通敏感性指数图、土地利用类型敏感性指数图以及自然保护区敏感性指数图进行分样地运算,得到长江三角洲地区 2000~2014 年的土地生态敏感性指数图 (图 5-3),具体各地级市的生态敏感性指数情况如表 5-4。通过 ArcGIS 计算,得到 5 个不同等级敏感性在研究区的分布情况 (如表 5-7)。

表 5-7 土地生态敏感性评价结果

项目	极敏感	高度敏感	中度敏感	轻度敏感	不敏感
面积/km²	13987.46	24241.75	25338.47	30072.24	50726.85
比例/%	9.69	16.79	17.55	20.83	35.14

2000 年长江三角洲土地生态敏感性指数在 1.9453~6.5468 之间,2014 年长江三角洲土地生态敏感性指数在 1.9283~6.4940 之间,从总体看,2000 年和 2014 年敏感性指数空间分布基本一致,较高的地区集中在北部和中部的苏州和无锡;西部的杭州、湖州,西北部的常州、镇江、南京以及嘉兴、上海指数居中;其他地区指数较低。其中南通、台州、杭州以及绍兴敏感性指数有上升的趋势,其余均下降。极敏感区占研究区的面积最小,为 13987.46km²,占其总面积的 9.69%;高度敏感区面积为 24241.75km²,占 16.79%;中度敏感区面积 25338.47km²,占研究区的 17.55%;其次是轻度敏感区,占 20.83%,面积为 30072.24km²;不敏感区占研究区的面积最大,为 50726.85km²,达 35.14%。

长江三角洲土地生态环境敏感性评价中极敏感区、高敏感区和中敏感区的面积之和占总面积的 44.03%。

5.6　不同生态敏感区的用地策略

长江三角洲是我国地理环境独特和生物多样性最丰富的地区之一，其特殊的区域条件、优质的景观生态、多样的旅游生态文化资源使得它在中国社会经济建设、旅游业发展和生态安全中有着特殊的地位。生态敏感性分析是通过敏感性分析找出长江三角洲中最自然、最脆弱的区域，对该区域进行保护，以保证城市的自然基础不被破坏，以利于可持续发展。敏感性指数越高表明土地生态敏感性越高，受人类活动干扰发生生态问题的可能性越大，土地越不适宜城市建设。而对于生态敏感性分析中的轻度敏感区和不敏感区，通过考虑其敏感性分布情况、现有社会功能、行政区划、城市总体规划目标等确定其最佳利用方式。

（1）极敏感和高度敏感区

极敏感区主要集中在苏州和无锡，高度敏感区包括南通、泰州、扬州 3 个城市。极敏感区域生境类型主要为林地，环境资源质量非常高、原生性很好，生态系统服务功能价值很大，往往具有著名的生态系统及其动植物特征，或者具有保护性的景观如文化景观等，对维持气候等生态平衡发挥着巨大功能。但同时生境较脆弱，一旦遭到破坏，就很难恢复。苏州、无锡和南通区域内最突出的敏感因子为水环境和自然保护区，对生态环境贡献最大，适合发展生态旅游，建设生态示范区、生态城镇以及绿色生态农业用地；泰州和扬州内最突出的敏感因子分别为道路交通、水环境。建议这些区域划为禁止开发区，严禁在本区域内进行一切有损于生态环境的建设活动；加强水利基础设施的建设，保护水源、防治水环境污染；防止滥砍滥伐，加强生物多样性保护。

（2）中度敏感区

中度敏感区包括上海、常州、镇江、南京 4 个城市，主要以耕地为土地利用类型，道路交通敏感性占很大的主导地位，其次是土壤质地，土壤质地主要以细砂土、黏土为主，上海地区自然保护区敏感因子也起到重要的作用。中度敏感区生态环境资源质量较好，但是在自然和人为作用下已经出现一定程度的土地生态环境问题，不宜高强度开发。中度敏感区将来若未保护，其敏感程度呈现降低趋势。

（3）轻度敏感区

轻度敏感区能承受一定的人类干扰，但承载力较为有限，若遭遇严重干扰会引起植被破坏、水污染等生态环境问题，生态恢复慢，同时具有一定的经济生产功能，包括杭州、湖州、嘉兴3个城市。它以林地、水域为主要用地类型，其生态压力较小，建议划分为中度开发建设区，但不能进行采矿等工业活动。开发过程必须遵循"高效的经济、优美的环境、和谐的生态"等原则，要以生态保护作为主要目标，始终走可持续发展的道路。

（4）不敏感区

不敏感区是指生态环境非常稳定，生态敏感性和土地利用敏感性处于相对平衡的状态，对于自然现象和人类干扰有较强大的抵抗能力，不容易出现生态环境问题的区域，此类敏感区包括台州、宁波、舟山、绍兴4个城市。生物多样性较低、生态系统较为简单，土地利用指标对其敏感性的影响较大，土壤质地多为粗砂土，土地利用类型主要为各类建设用地。这类区域可以根据社会经济发展的需求进行住宅用地、基础设施用地等多种用地类型的开发和建设，但必须遵循开发与生态环境保护相结合的原则，走可持续发展道路。本区在附近有山的区域可以选择在山上造林，山下造田，严格控制非农建设用地的过度扩张，在保护环境的前提下，还可以少量规划些野外徒步旅游线路。

参考文献

[1] 李淑芳，马俊杰，唐升义，等．基于 GIS 的宝鸡市土地生态环境敏感性评价 [J]．水土保持通报，2009，29（4）：200-204．

[2] 王思远，刘纪远，张增祥，等．中国土地利用时空特征分析 [J]．地理学报，2001，56（6）：631-639．

[3] 刘焱序，李春越，任志远，等．基于 LUCC 的生态型城市土地生态敏感性评价 [J]．水土保持研究，2012，19（4）：125-130．

[4] 武鹏达，鲁学军，侯伟，等．GIS 支持下土地生态环境敏感性评价——以金坛市为例 [J]．测绘科学，2016，41（2）：81-86．

[5] 李军，曹明明，邱海军，等．基于 GIS 的西安市土地生态环境敏感性评价研究 [J]．西北大学学报（自然科学版），2014，44（1）：121-127．

[6] JOHNSTON D A，TAYLOR G D，VISWESWARAMURTHY G. Highly constrained multi-facility warehouse management system using a GIS platform [J]．Integrated Manufacturing Systems，1999，10（4）：221-233．

［7］　张浪，贺中华，夏传花，等．基于 GIS 的喀斯特地区生态环境敏感性评价 ［J］．贵州科学，2021，39（2）：45-52.

［8］　韩丽，周炳江，明亮，等．基于 AHP-GIS 统计的溪洛渡镇生态敏感性空间评价 ［Z］ // 湖北农业科学：卷 60.2021：80-84＋88.

［9］　刘是亨，王欣，胡杜娟，等．基于序关系分析法的武夷山国家公园生态敏感性评价 ［Z］ //江西科学：卷 39.2021：63-69.

［10］　朱霞，郑越．山岳型风景名胜区生态敏感性评价及保护对策研究——以武汉市木兰山风景名胜区规划为例 ［Z］ //华中建筑：卷 39.2021：80-85.

［11］　黎家琦，武雪玲，唐诗怡．压力-状态-响应模型下的生态敏感性分析算法 ［Z］ //测绘科学：卷 45.2020：75-83＋106.

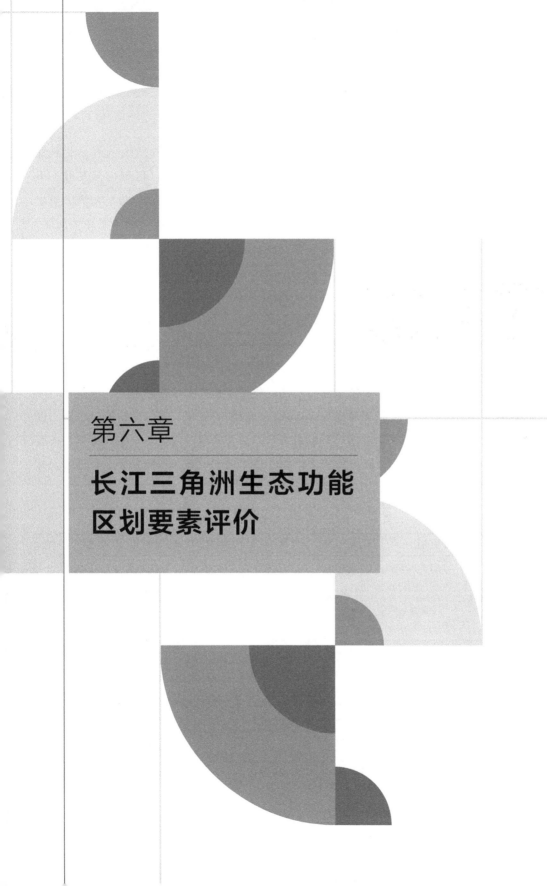

第六章

长江三角洲生态功能
区划要素评价

6.1 生态敏感性评价方法

长江三角洲经济圈是中国最大的经济圈，具有十分重要的战略地位。但长江三角洲经济高速发展的同时也存在土地经济发展差异明显、区域内部发展不平衡、两极分化严重、部分地区土地利用效率低下等亟待解决的问题。随着人类生产活动对长江三角洲自然环境的干扰不断扩大，长江三角洲区域生态环境问题，已日益引起重视，如何开展区域的生态环境建设和保护，借助生态敏感性评价是一种行之有效的方法。

6.1.1 生态敏感性分级标准

根据长江三角洲的生态环境及其境内保护区的分布情况，在依据原环境保护部发布的《生态功能区划技术暂行规程》和参考相关文献的基础上，选取年均降水量、土壤质地、地貌类型、湿润指数、土地利用现状、自然保护区、水体、道路、年平均气温这 9 个指标作为影响因子，结合项目区的生态敏感性特征，按敏感水平划分为极敏感、高度敏感、中度敏感、轻度敏感和不敏感性 5 个等级，并分别赋予 9、7、5、3、1 的分值（表 6-1）。

表 6-1　长江三角洲生态敏感性评价指标及分级

敏感性评价指标		极敏感	高度敏感	中度敏感	轻度敏感	不敏感	权重
土壤侵蚀	年均降水量/mm（A1）	＞2000	1800～2000	1400～1800	1000～1400	700～1000	0.10
	土壤质地①（A2）	1	2	3	4	5	0.11
地貌敏感性	地貌类型②（A3）	1	2	3	4	5	0.18
湿润敏感性	湿润指数（A4）	＜0.05	0.05～0.20	0.20～0.50	0.5～0.65	＞0.65	0.09
生境敏感性	土地利用现状（A5）	未利用地	耕地	林地,草地	建设用地	水体	0.06
	保护区（A6）	国家级	省级	市级	县级	—	0.15
水环境状况	水体/km（A7）	＜5	5～10	10～15	15～20	＞20	0.21

续表

敏感性评价指标		极敏感	高度敏感	中度敏感	轻度敏感	不敏感	权重
人类干扰 敏感性	道路/km （A8）	<5	5~10	10~15	15~20	>20	0.07
气候敏感性	年平均气温 /℃（A9）	<5	5~10	10~15	15~20	>20	0.03
分级赋值（C）		9	7	5	3	1	—
综合分级标准（SS）		>5.0	4.5~5.0	3.0~4.0	2.0~3.0	<2	—

① 土壤质地：1—砂粉土、粉土；2—砂壤土、粉黏土、壤黏土；3—面砂土、壤土；4—粗砂土、细砂土、黏土；5—石砾、砂。

② 地貌类型：1—滨海低平原、闭流平原；2—河谷平原；3—泛滥冲积平原；4—洪积平原；5—山区。

6.1.2　评价因子权重及相应数学模型

针对长江三角洲的生态环境问题，从土壤侵蚀、地貌敏感性、湿润敏感性、生境敏感性、水环境状况、人类干扰敏感性、气候敏感性7个方面共选取9个指标进行生态敏感性评价（表6-1）。生态敏感性分析的评价因子，包含了自然因素的各个方面，9、7、5、3、1级分别代表为极、高度、中度、轻度和不敏感性。值越小，生态环境越不敏感，抵抗外界干扰的能力越大，安全水平越高。

（1）权重的确定

采用标准差率法计算各因子的权重。将长江三角洲的16个地级市作为评价单元研究年均降水量、土壤质地、地貌类型、湿润指数、土地利用现状、保护区、水体、道路、年平均气温9项因子指数，统计算出9项要素的均值和标准差，进而计算出变异系数，用各因子变异系数占因子变异系数和的比例来定位以上因子的权重（表6-2）。

计算公式如下：

$$w_i = \frac{v_i}{\sum\limits_{i=1}^{n} v_i} = \frac{s_i/\overline{x_i}}{\sum\limits_{i=1}^{n}(s_i/\overline{x_i})} \tag{6-1}$$

式中，w_i 为评价因子权重；v_i 为评价因子变异系数；s_i 为评价因子标准差；$\overline{x}$ 为评价因子均值；i 为评价因子数，$i=1,2,\cdots,9$。

表 6-2   变异系数法确定评价因子权重

项目	A1	A2	A3	A4	A5	A6	A7	A8	A9
平均值	2.84	3.31	3.83	1.14	2.76	5.89	3.35	7.03	3.07
标准差	0.73	0.96	1.78	0.28	0.46	2.36	1.81	1.33	0.25
变异系数	0.26	0.29	0.46	0.25	0.16	0.40	0.54	0.18	0.08
归一化权重	0.10	0.11	0.18	0.09	0.06	0.15	0.21	0.07	0.03

（2）数据分析

通过 GIS 的空间分析功能，对研究区域的土地利用现状、降水、土壤质地、湿润指数、年均气温、环境保护区、河流和道路缓冲区进行分析。在运算出各因子的权重后，通过 GIS 的空间分析功能对 9 个要素进行加权叠加分析，计算出 9 个要素的生态敏感性以及敏感性综合得分。其数学模型公式如下：

$$F_a = \sum_{b=1}^{n} [M_b \times N_{a(b)}]   \quad (6-2)$$

式中，a 为单元编号；b 为因子编号；n 为评价因子总数；F_a 为第 a 个单元的综合值；M_b 为第 b 个因子权重值；$N_{a(b)}$ 为第 a 个单元的第 b 个因子敏感性评价指标。利用 Arc GIS 10.0 对相关评价因子进行缓冲区分析、栅格计算器运算、叠加分析等功能，添加不同因子的权重值，分析长江三角洲的综合敏感性。

6.2   生态敏感性评价结果

（1）土壤侵蚀敏感性分析

影响长江三角洲生境敏感性的因素是年降水量和土壤质地。整体的生态敏感性主要受土壤质地的影响，长江三角洲的土壤质地有砂粉土、粉土、砂壤土、粉黏土、壤黏土、面砂土等 12 种类型。通过 GIS 软件分析后得到长江三角洲高度敏感区面积最大，占 50.92%，为 56290km²；极敏感区域面积是研究区的 11.97%，为 13228km²；中度敏感区面积为 19292km²，占 17.45%；轻度敏感区和不敏感区的面积分别为 20594km² 和 1141km²，占比为 18.63% 和 1.03%，如表 6-3，图 6-1(a) 所示。

（2）地貌敏感性分析

地貌敏感性空间分布图如图 6-1(b)，由地貌类型所决定，长江三角洲东北方向平原众多，西边有台地，中部以南分布多为丘陵、低山。长江三角洲地貌敏感性以高度敏感和不敏感为主，极敏感区域面积为 13113km^2，占地域总面积的 11.86％；高度敏感区面积为 27589km^2，占总面积的 24.96％；中度敏感区面积为 14687km^2，占比为 13.29％；轻度敏感区面积为 5814km^2，占比 5.26％；不敏感区面积为 49343km^2，占区域总面积的 44.64％（表 6-3）。

表 6-3　长江三角洲不同生态敏感区面积统计表

生态因子	极敏感区		高度敏感区		中度敏感区		轻度敏感区		不敏感区	
	面积 /km^2	比例 /％	面积 /km^2	比例 /％	面积 /km^2	比例 /％	面积 /km^2	比例 /％	面积 /km^2	比例 /％
土壤侵蚀	13228	11.97	56290	50.92	19292	17.45	20594	18.63	1141	1.03
地貌敏感性	13113	11.86	27589	24.96	14687	13.29	5814	5.26	49343	44.64
湿润敏感性	22409	20.27	22581	20.43	23633	21.38	4835	4.37	37088	33.55
生境敏感性	16314	14.76	33762	30.54	19293	17.45	39716	35.93	1461	1.32
水环境状况	23578	21.33	8549	7.73	16365	14.80	26794	24.24	35260	31.90
人类干扰敏感性	20639	18.67	34181	30.92	19617	17.75	34734	31.42	1375	1.24
气候敏感性	12444	11.26	70646	63.91	15100	13.66	3838	3.47	8518	7.71
综合	16817	15.21	25280	22.87	33579	30.38	20177	18.25	14693	13.29

（3）湿润敏感性分析

湿润敏感性空间分布图如图 6-1(c)，长江三角洲南部地区土壤处于常湿润-湿润、常湿润-半湿润状态，湿润敏感性低。长江三角洲湿润敏感性以不敏感为主，极敏感区域面积为 22409km^2，比例是 20.27％；高度敏感区占总面积的 20.43％，占地面积达到了 22581km^2；中度敏感区面积为 23633km^2，占总面积的 21.38％；轻度敏感区面积最小，仅占总面积的 4.37％；不敏感区面积为 37088km^2，占总面积的 33.55％（表 6-3）。

（4）生境敏感性分析

影响长江三角洲生境敏感性的因素是土地利用现状和环境保护区，长江三角洲生境敏感性以高度敏感和轻度敏感为主。极敏感区域面积占总面积的 14.76％，为 16314km^2；高度敏感区面积为 33762km^2，比例为 30.54％；中度敏感区的面积为 19293km^2，占总面积的 17.45％；轻度敏感区面积最大，为 39716km^2，占总面积的 35.93％；不敏感区区域面积极小，仅占总面积的 1.32％（表 6-3）。生境敏感性空间分布如图 6-1(d) 所示，长江三角洲土地利用现状中未利用地处于极敏感区，林地、草地在中度敏感区。环境保护区内有金山三岛、九段沙湿地、长江口中华鲟、大庙坞鹭鸟、杏梅尖、浙江天目山等保护区。

（5）水环境状况敏感性分析

从水环境状况来看，长江三角洲内河网分布比较偏东部，由北向南主要有淮河、长江、钱塘江等三大天然水系。经 GIS 分析后得到极敏感区域面积所占比例为 21.33%，面积为 23578km²；高度敏感区占比最小，为 8549km²，不足 10%；中度敏感区占 14.80%，面积为 16365km²。轻度敏感区和不敏感区两者占比较高，分别为 24.24%、31.90%，如表 6-3，图 6-1（e）所示。

（6）人类干扰敏感性分析

人类干扰敏感性分析空间分布图如图 6-1（f），长江三角洲道路交错，交通发达，以轻度敏感性为主。5 个敏感区面积分布，从大到小依次为轻度敏感区＞高度敏感区＞极敏感区＞中度敏感区＞不敏感区，最大面积为 34734km²，最小面积为 1375km²，按占比顺序由大到小情况为：31.42%、30.92%、18.67%、17.75%、1.24%（表 6-3）。

（7）气候敏感性分析

长江三角洲区域处于亚热带和暖温带的季风气候地带，当地的气候敏感性总体比较高，出现从南到北敏感性程度上升的情况。长江三角洲气候敏感性分析空间分布如图 6-1（g）所示。以高度敏感性为主，面积为 70646km²，占比最大（表 6-3）。之后，从中度敏感区、极敏感区、不敏感区到轻度敏感区，区域面积逐渐减少。

（8）生态敏感性综合评价分析

从图 6-1（h）中可以看出，研究地区内极敏感区，高度敏感区，中度敏感区，轻度敏感区和不敏感区分布的现状情况。极敏感区域占长江三角洲总面积的

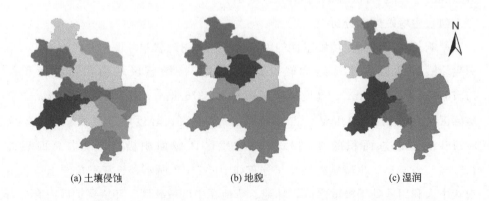

(a) 土壤侵蚀　　　　　　　(b) 地貌　　　　　　　(c) 湿润

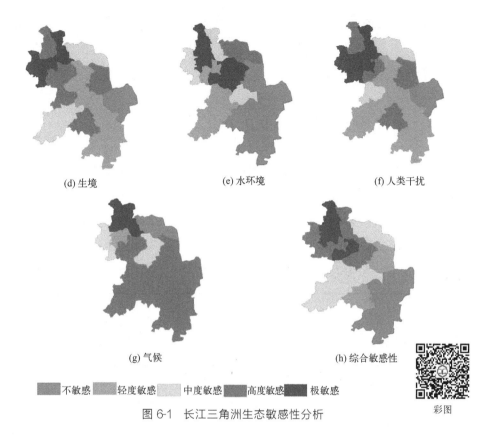

(d) 生境　　　　　　　　(e) 水环境　　　　　　　　(f) 人类干扰

(g) 气候　　　　　　　　(h) 综合敏感性

■ 不敏感　■ 轻度敏感　□ 中度敏感　■ 高度敏感　■ 极敏感

图 6-1　长江三角洲生态敏感性分析　　　　　彩图

15.21%，面积为 16817km²；高度敏感区域占长江三角洲的 22.87%，面积达 25280km²，主要分布在长江三角洲东北及东部和西北部的局部地区；中度敏感区域面积为 33579km²，位于长江三角洲中部地区，以及水系沿岸地区；轻度敏感区和不敏感区的面积分别为 20177km² 和 14693km²，分布在长江三角洲南部和中南部地区。

6.3　生态系统服务重要性评价方法

长江三角洲属于全国重要生态功能区划中的亚热带湿润常绿阔叶林生态地区，区域内有生物多样性重要保护地域，同时也有重要的水源养护。加大对长江三角洲区域的自然生态系统的合理规划管理，划定生态环境重点保护区，根据区域实际情况和地域特征制定相应生物环境保护和建设政策，进而维持可持续发展，均需进一步明确该区域的生态系统服务价值及其空间分布。本研究选择长江三角洲（上海、南京等城市）为研究区域，构建生态系统的服务价值评估指标和体系，确定相应的处理办法，合理讨论该生态系统的服务价值，并进一步了解该生态系统的服务重要性，以便更好地平衡生态环境和经济发展之间的关系，为建立生态补偿制度提供原始数据资料。

6.3.1 生物多样性保护重要性评价方法

生物多样性保护重要性评价的前提是了解研究区域内各类地区对生物多样性保护的重要水平。根据《生态功能区划技术暂行规程》中所规定的，研究生物多样性保护重要性不仅可以根据物种数目，也可根据重要保护物种的分布地点，即所评价地区的国家级、省级、市级等的保护对象的数量来确定该区域的生物多样性保护重要性。然而实际情况来说，很难确定该区域所有物种的数量。因此，本节通过研究相关文献总结的评价方法，以长江三角洲区域的实际情况为基础，选择收集研究区内的国家级、省级、市级等相关环境保护区资料，依据统计自然保护区、地质公园、风景名胜区等环境保护区范围来划分等级，确定研究区生物多样性保护重要性等级（表6-4）。

表 6-4   长江三角洲生物多样性保护重要性等级

分级	生态区类型	赋值
极重要	国家一级保护物种,国家自然保护区、地质公园、风景名胜区	7
中等重要	国家二级保护物种,省级自然保护区、地质公园、风景名胜区	5
比较重要	市级自然保护区、地质公园、风景名胜区	3
一般重要	县级自然保护区、地质公园、风景名胜区	1

6.3.2 水源涵养重要性评价方法

水源涵养重要性评价主要作用是调查地区内输送水资源的程序及对洪水的梳理调控。选取地貌类型、植被覆盖、降水作为评定指标制定具体的分级标准（表6-5），再考虑国家规定的划分原则和研究区实际情况，参考相关研究成果，分别对区域空间单元内地貌、植被及降水三个因子进行重要程度的评价，依次对其进行赋值，利用GIS的空间叠加分析功能，采用综合指数法计算重要性的综合指数，再通过重分类功能进行分类。

表 6-5　长江三角洲水源涵养重要性分级表

地貌类型	植被覆盖	降水/mm	重要性	赋值	综合
丘陵	有林地	<1000	极重要	7	4.5~6.5
低山	灌木林,疏林其他林	1000~1500	中等重要	5	3.5~4.5
台地	草地	1500~2000	比较重要	3	2.5~3.5
平原,岛屿	耕地,水域,城乡,工矿,居民用地,未利用地	>2000	一般重要	1	1~2.5

　　通过综合指数计算方法，将地貌类型、植被覆盖和降水对水源涵养服务功能的重要性分级赋值为 7、5、3、1，用如下公式计算水源涵养综合指数，对其水源涵养重要性进行综合评价。具体综合指数计算公式如下：

$$SS_b = \sqrt[3]{\prod_{a=1}^{3} C_a} \tag{6-3}$$

　　式中，SS_b 为 b 水源涵养因子重要性综合指数；C_a 为 a 因素重要性等级值。

6.3.3　土壤保持重要性评价方法

　　根据《生态功能区划技术暂行规程》中的相关方法，对土壤保持重要性进行评价。土壤保持的重要性评价主要通过了解土壤侵蚀敏感性对下游地区产生危害的程度来进行评价。土壤保持重要性的评价在考虑土壤侵蚀敏感性的同时也考虑到研究区内河流分级情况，通过 GIS 软件，对研究区的河流水系进行分级，得到长江三角洲的河网分级图。将长江三角洲的流域分布图和土壤侵蚀敏感分布图进行叠加，最终得出长江三角洲的土壤保持重要性评价结果。最后根据土壤侵蚀敏感区影响水体级别和敏感性级别（表 6-6），评价该区域土壤保持的重要性。

表 6-6　长江三角洲的土壤保持重要性分级表

影响水体	土壤侵蚀敏感性			
	轻度敏感和不敏感	中度敏感	高度敏感	极敏感
1~2 级河流及主要水源水体	中等重要	极重要	极重要	极重要
3 级河流及小城市水源水体	比较重要	中等重要	中等重要	极重要
4~5 级河流	一般重要	比较重要	中等重要	中等重要

6.3.4　生态系统服务功能重要性综合评价方法

　　生物多样性保护，土壤保持和水源涵养的生态系统服务功能重要性表示生态系统给人类提供单一生态效益的重要性的程度，而要综合考虑到这些要素的作用，需要对其进行综合统计。采用地理信息系统的分析功能，综合考虑上述生物多样性保护、水源涵养、土壤保持服务功能的重要性，并采用加权综合指数法计算生态系统服务功能重要性综合指数（SS_b），其中权重由变异系数法求得，其计算公式为：

$$SS_b = \sum_{a=1}^{3} A_{ab} W_{ab} \tag{6-4}$$

式中，A_{ab} 为区域内 b 空间要素第 a 个指标的重要性等级值；W_{ab} 为区域内 b 空间要素第 a 个指标的权重。

6.4　生态系统服务重要性结果分析

6.4.1　生物多样性保护功能评价

（1）数量特征

从表 6-7 中可以看出，研究区生物多样性保护极重要区的面积为 54355km²，面积占比为 49.17%；比较重要区的面积为 16345km²，比例为 14.79%，比较重要区内市级自然保护区、地质公园、风景名胜区较少；一般重要地区和中等重要地区的面积分别为 24092km² 和 15754km²，面积占比分别为 21.79% 和 14.25%。就各地市生物多样性保护重要性的数量特征而言，宁波、杭州和台州 3 个城市生物多样性保护极重要区面积比较大。

表 6-7　长江三角洲生态系统服务功能重要性综合评价结果表

重要性	生物多样性保护		水源涵养		土壤保持		生态系统综合服务功能	
	面积/km²	比例/%	面积/km²	比例/%	面积/km²	比例/%	面积/km²	比例/%
一般重要	24092	21.79	47001	42.52	10838	9.80	19635	17.76
比较重要	16345	14.79	10179	9.21	53331	48.24	39780	35.99
中等重要	15754	14.25	23958	21.67	38773	35.07	26975	24.40
极重要	54355	49.17	29408	26.60	7604	6.88	24156	21.85

（2）空间特征

极重要区主要处于长江三角洲西南部，其中上海、杭州、绍兴、宁波、嘉兴、台州均处生物样性保护的极重要区，分布了大量国家级的自然保护区和风景名胜区，包括上海浦东新区国家级的九段沙湿地自然保护区、杭州西湖风景名胜区、绍兴诸暨的浣江-五泄风景名胜区、温岭市新河镇的方山-长屿硐天风景名胜区等；舟山市和南通市位于生物多样性保护的中等重要区，有舟山市的普陀山风景名胜区、南通市海门的快活林休闲山庄、通州石港生态旅游风景区等；研究区域内生物多样性保护的一般重要地区和中等重要地区的面积相差不多，中等重要地区主要位于南通、上海、泰州、苏州、嘉兴、宁波，一般重要区主要位于上海、南京、南通、常州、扬州、无锡、泰州、苏州、镇江、嘉兴、湖州。

6.4.2　水源涵养功能评价

（1）数量特征

长江三角洲内水源涵养以一般重要区为主，一般重要区，面积最大，为47001km^2，面积占比为 42.52％；其次为极重要区，其面积和比例分别为29408km^2 和26.60％；研究区内水源涵养中等重要区占地区面积21.67％（表6-7），比较重要区面积占比最小为9.21％。

（2）空间特征

长江三角洲研究区水源涵养重要性空间分布的总体特征表现：极重要区主要分布在上海、南京、常州、扬州、无锡、苏州、镇江、台州、嘉兴、宁波、杭州、湖州、绍兴；南京、常州、扬州、苏州、镇江、宁波、杭州、湖州位于中等重要区，面积超过 1000km^2；比较重要区分布在上海、南京、扬州、无锡、苏州、镇江、台州、宁波、杭州、湖州、绍兴、南通、泰州、舟山；一般重要区主要分布在除南京和绍兴以外的其他城市。

6.4.3　土壤保持功能评价

（1）数量特征

土壤保持比较重要区的面积为53331km^2，占比为48.24％；其次为中等重要地区和一般重要地区，面积分别为38773km^2 和 10838km^2，面积比为35.07％和9.8％；极重要区的面积最小，为7604km^2，表示1～2级河流和土壤侵蚀较严重的区域面积较小（表6-7）。

（2）空间特征

空间上，长江三角洲中部及其东南部地区基本上属于土壤保持比较重要区，主要类型以比较重要性为主（面积占研究区土壤保持功能重要区面积的 45％以上）；极重要区主要分布在无锡、台州、嘉兴、杭州、湖州和绍兴六个城市，其中湖州极重要区面积分布最广；中等重要区在除南通和台州外其他 14 个城市都有分布；宁波在比较重要区的分布面积最大；一般重要区在上海、台州、嘉兴、宁波、绍兴、舟山有分布，其中台州分布最广。

6.4.4　生态系统服务功能重要性综合评价

（1）数量特征

从表 6-7 可以看出，研究区生态系统服务功能极重要区面积为 24156km^2，占比 21.85％。中等重要区的面积为 26975km^2，占总面积的 24.40 ％。比较重要区的面积最大为 39780km^2，占比 35.99％。一般重要区仅占总面积的 17.76％。极重要区均分布在研究区的南部，生物多样性高、土壤保持性好、水源涵养能力强的地区，对长江三角洲生态系统的稳定及其服务功能的发挥具有重要作用。

（2）空间特征

空间上，生态系统服务功能极重要区主要分布在上海、台州、嘉兴、宁波、杭州、湖州和绍兴 6 个城市，其中杭州分布的面积最广；中等重要区主要分布在台州、嘉兴、宁波、湖州、绍兴等地区；比较重要区主要分布在上海、南京、南通、常州、扬州、无锡、苏州、镇江、台州、湖州等；一般重要区则主要集中分布在常州、扬州、无锡、苏州。无锡的一般重要区分布最为集中。

参考文献

[1]　李月臣，刘春霞，闵婕，等. 三峡库区生态系统服务功能重要性评价 [J]. 生态学报，2013，33（1）：168-178.

[2]　车前进，段学军，郭垚，等. 长江三角洲地区城镇空间扩展特征及机制 [J]. 地理学报，2011，66（4）：446-456.

[3]　胡金龙，王金叶，罗楠. 基于 GIS 的桂林市区生态敏感性分析 [J]. 湖北农业科学，2013（7）：1561-1564.

[4]　BAILEY R G. Map：ecoregions of the United States at 1：7500000 [J]. Ogden，UT：US Department of Agriculture and Forest Service，Intermountain Region，1976.

[5]　于瑶，郭泺，周苏龙，等. 基于 GIS 的青海省黄南藏族自治州生态敏感性评价 [J].

西南林业大学学报，2015，35（2）：48-54.

[6]　杨伟州，邱硕，付喜厅，等．河北省生态功能区划研究 [J]．水土保持研究，2016，23（4）：269-276.

[7]　李艳春．区域生态系统服务功能重要性研究 [D]．太原：太原理工大学，2011.

[8]　刘发勇，兰安军，熊康宁，等．基于网格数据空间分析方法的罗甸县生态环境敏感性评价 [J]．地球与环境，2014，42（6）：784-790.

[9]　肖羽芯，王妍，刘云根，等．典型岩溶湿地流域生态功能区划研究——以滇东南普者黑流域为例 [J]．华中农业大学学报，2020，39（2）：47-55.

[10]　刘黎，赵永华，韩磊，等．基于土地资源分区的黄土高原水土热资源时空变化和生态功能区划 [Z] //陕西师范大学学报（自然科学版）：卷49.2021：86-97.

[11]　刘杨赟，陈芳清，黄永文，等．沿江化工园生态功能区划与建设研究——以宜都园区为例 [J]．环境科学与管理，2021，46（4）：33-37.

[12]　王丽霞，张茗爽，隋立春，等．渭河流域生态功能区划 [J]．干旱区研究，2020，37（1）：236-243.

[13]　洪步庭，任平，苑全治，等．长江上游生态功能区划研究 [J]．生态与农村环境学报，2019，35（8）：1009-1019.

第七章

长江三角洲生态功能
区划

生态功能区划的提出是从生态学的角度为科学、合理、可持续性地保护和利用生态环境及自然资源提供依据和方向，进行生态功能区划是改善我国环境问题的有效措施之一。有研究表明，对生态功能进行区划管理使生态多样性得到提高，同时能提高生态系统的服务功能。通过生态功能区的划分，确定各功能区的生态系统服务功能，在此基础上，合理开发资源与科学管理环境，根据该功能区主要生态服务功能制定产业发展方向，为维护区域的生态安全、合理有效地开发利用资源、合理规划生态环境以及实施可持续发展战略提供科学依据。

7.1 生态功能区划原则与方法

生态功能区划是实施区域生态环境分区管理的基础和前提，是在了解自然环境现状特征、空间区域对人类行为活动的响应和反馈能力、环境给人类提供效益的重要性前提下，进行的地理空间分区，最终划定环境安全性比较高的地区和需要进行保护的易被破坏的地区，为以后的规划布局，建立科学的基础数据。合理全面地使用生态功能区划功能，可以将对自然资源的管理转换成对全球生物及环境的管理，实现生物保护、培育以及环境监测的目的，让人类走上自然资源可持续发展的道路。生态功能区划对实现永续发展策略，维护人类活动与生态系统之间的和谐，促进人类物质经济发展前进的作用尤为明显。

7.1.1 基本原则

进行生态功能区划要有一系列的区划原则。实际具体地反映区域自然分布特征，展现物质文化基础，了解环境给人类提供生态效益和人为活动造成的环境问题的形成条件，促进最终目标的实现。本章依据中华人民共和国环境保护部发布的《生态功能区划暂行规程》，生态功能区划应遵循以下原则。

（1）发生学原则

在区划中，要阐明区划单位相异特点，区域分异的基本原因和分异规律，以避免区划方案的任意性。因此在区划中，为了让区划的方法具有实际的意义，要依照区域生态环境特征、环境对人类活动影响所表现出来的差异、人类从生态系统中获得的效益的差异、生态系统的结构特点等，确定区划的主导因子及区划依据。

（2）相似性原则

受自然因素和人类活动的影响，区域之间在环境特征、生态系统、生态给人类提供的生态效益等方面存在地域差异性和特定区域内部相似性。生态功能区划依据各区域之间的不同点和区域内部的相同点的同一性进行划分。不同点和相同点正好相反，不同等级的区划单元，其相似性与差异性的标准是不同的。区划单位等级越低，其内部相同的部分越多，不同的部分越少。

（3）区域共轭性原则

区划单元具有独特性。生态功能区划单元是一个完整的个体，是连续的地域。各功能区之间不重复、不包含、不遗漏。

（4）可持续发展原则

人类生存和社会发展，是建立在和谐安定的生存环境下，生态环境持续具有活力，地球生物同自然系统有序相处，可以让人类与环境持久性发展。生态功能区划通过促进资源的合理利用与开发，避免生态环境的破坏，提升生态环境支撑能力，达到促进区域的可持续发展的目的，实现生态效益、社会效益、经济效益的统一，促进区域的可持续发展。

7.1.2　区划技术及方法

（1）GIS技术

GIS具有庞大的管理、分析数据的能力，可以对不同的地理数据进行编辑处理、投影分析、空间分析、成图成像等操作。①定义投影：GIS可处理空间信息，坐标系统的定义是GIS系统的基础，在处理数据时，正确定义坐标系统非常重要。②数据处理：根据需求对地理空间数据进行数据转换、数据重构、数据提取等操作，可以对矢量数据进行空间校正，对栅格数据进行地理匹配、影像裁剪和地图矢量化等操作。③空间分析：GIS包含数以百计的空间分析工具，主要分为矢量数据和栅格数据的空间分析，对矢量数据可进行缓冲区分析、叠置分析等；对栅格数据可以进行距离制图、提取分析、统计分析、栅格计算、重分类等。④制图功能和可视化：能够产出高质量的地图，将抽象的数据或因子通过GIS的图形表达能力直观显示出来，将数据以图像信息分布方式展现出来，包括地图在屏幕上的表达、整理修饰地图、直接导出图片等方式。

本文中GIS以上的使用功能都有涉及，主要有定义投影、矢量化技术、分区统计、重分类、叠加分析技术，对栅格化图形运用栅格计算器叠加，将单因子图件综合叠加形成综合评价图。完成生态敏感性、生态系统服务功能重要性和生态功能区划等各单元的评价，确定各生态区和生态功能区。

（2）空间信息分类

① 层次分析法

层次分析法是把要进行操作的要素因子分解成对象、原则、方法等层次，在此前提之上进行定性和定量分析的分析方法，它是系统分析的数学工具之一，通过层次化、数量化，并采用数学方法为分析、决策等人为思维提供定量依据。

② 系统聚类分析

聚类分析是按照相关标准来鉴别实体或现象之间的接近程度并将相近的归类为一类的数学方法，又叫做群分析、点群分析、簇群分析等。假设将要分类的所有对象当作一个集合 U，分类就是将 U 分成一个个子集合，即 U_1，U_2，U_3，…，U_k，要其满足：$U_1 \cup U_2 \cup U_3 \cup \cdots \cup U_k = U$ 且对于任意的 $a \neq b$，有 $U_a \cap U_b = \varnothing (a, b = 1, 2, 3, \cdots, k)$。用多种地理学要素对地理实体进行类别划分，将物体之间的相同之处渐进整合后再分类，以相同基数或是长度大小定义其相似程度，称为系统聚类。

③ 判别分析

判别分析又称为线性判别分析，是判别样品所属类型的统计方法。该方法比较适合有一定理论依据的分类系统定级问题，如土地适宜性评价、水土流失方程等。

（3）叠加分析法

GIS 软件中的一个分析模块，在 GIS 软件中的空间分析工具中的叠加分析有加权叠加、加权总和、模糊分类和模糊叠加四种方式，本章主要用到加权叠加的形式；分析工具中主要用到用于叠加分析的相交、空间连接和联合三种方式。

（4）变异系数法

变异系数法是将每项要素包含的数据，通过运算得到要素权重，是比较客观的对事物进行赋值的方法。

7.2　生态功能区划依据

将研究区生态环境现状、生态敏感性空间分布、生态服务功能重要性的空间分布作为生态功能分区的依据。通过定量和定性结合使用的方法，同时依据合并法中相似性聚合的原则，将 16 个城市相似空间归类，从而达到生态功能区划的目的，让整个区域的不同的生态功能区划开来。

7.2.1 生态敏感性分区统计均值

通过对长江三角洲各生态敏感指标进行分区，计算出 16 个城市各自的均值（表 7-1）。

表 7-1 长江三角洲生态敏感性因子均值统计

地区	生态敏感性因子均值						
	气候	生境	水环境	湿润	土壤侵蚀	地貌	综合
上海	3.00	5.66	1.11	1.00	5.28	5.01	2.00
南京	2.93	5.92	4.17	1.07	5.63	5.12	4.01
南通	2.90	5.45	5.09	1.11	4.63	5.10	3.06
常州	3.00	5.84	3.76	1.00	5.61	5.07	4.03
扬州	3.84	5.64	6.68	1.05	5.10	5.20	4.98
无锡	3.00	5.80	5.97	1.00	5.34	5.29	4.78
泰州	3.59	6.07	4.56	1.11	5.00	5.10	4.40
苏州	2.94	5.08	6.09	1.06	5.28	5.47	3.83
镇江	2.92	6.05	5.93	1.06	5.60	5.08	4.96
台州	3.00	4.86	1.00	1.00	3.60	1.01	1.05
嘉兴	3.00	5.04	4.22	1.00	5.60	5.03	2.99
宁波	3.00	5.05	1.00	1.00	4.33	1.01	1.49
杭州	3.00	5.23	3.58	2.01	5.92	1.39	3.03
湖州	3.00	5.77	3.50	1.78	5.55	3.40	3.40
绍兴	3.00	5.74	1.39	1.13	5.08	1.06	2.06
舟山	3.00	1.96	1.00	1.00	2.78	1.92	1.00

7.2.2 各生态敏感性分区面积统计

通过 ArcGIS10.0 软件，使用分析工具中的叠加分析的相交叠置，用计算几何统计面积，得到长江三角洲各生态敏感性分区面积情况如下（表 7-2）：

表 7-2　长江三角洲各生态敏感性分区面积统计

地区	土壤侵蚀敏感性分区面积/km²				
	不敏感区	轻度敏感区	中度敏感区	高度敏感区	极敏感区
上海	84	979	31	5246	0
南京	0	0	35	6150	437
南通	28	0	8020	63	433
常州	0	24	0	4215	146
扬州	0	24	3327	3179	104
无锡	0	649	262	3669	48
泰州	0	0	3428	2074	285
苏州	66	1645	204	6286	287
镇江	0	0	73	3653	117
台州	154	8764	0	493	0
嘉兴	0	0	11	3904	0
宁波	132	5472	2553	1659	0
杭州	0	0	0	7851	8745
湖州	0	61	1348	2323	2086
绍兴	0	2213	0	5525	541
舟山	677	763	0	0	0

地区	地貌敏感性分区面积/km²				
	不敏感区	轻度敏感区	中度敏感区	高度敏感区	极敏感区
上海	2	0	6300	8	30
南京	0	0	46	6576	0
南通	0	0	23	8513	8
常州	0	0	4317	13	55
扬州	0	0	16	6618	0
无锡	0	3	52	8	4565
泰州	0	0	4	5778	5
苏州	0	24	45	12	8407
镇江	0	0	3780	63	0
台州	9411	0	0	0	0
嘉兴	3832	12	58	0	13
宁波	9802	0	14	0	0
杭州	16551	26	19	0	0
湖州	32	5749	7	0	30
绍兴	8277	0	2	0	0
舟山	1436	0	4	0	0

续表

地区	湿润敏感性分区面积/km²				
	不敏感区	轻度敏感区	中度敏感区	高度敏感区	极敏感区
上海	6295	0	37	8	0
南京	10	5	6607	0	0
南通	12	0	9	8523	0
常州	4333	0	50	2	0
扬州	1801	4768	24	41	0
无锡	3	0	4610	8	7
泰州	39	39	5	5704	0
苏州	56	0	8402	19	11
镇江	44	23	3769	7	0
台州	9395	0	0	16	0
嘉兴	3869	0	11	0	35
宁波	9697	0	90	29	0
杭州	11	0	0	42	16543
湖州	23	0	19	0	5776
绍兴	60	0	0	8182	37
舟山	1440	0	0	0	0
地区	生境敏感性分区面积/km²				
	不敏感区	轻度敏感区	中度敏感区	高度敏感区	极敏感区
上海	14	98	48	6180	0
南京	0	0	0	0	6622
南通	0	7	8496	14	27
常州	0	0	0	4335	50
扬州	0	0	0	6549	85
无锡	0	41	0	4572	15
泰州	0	1	35	100	5651
苏州	0	8363	22	94	9
镇江	0	0	0	16	3827
台州	0	9360	0	51	0
嘉兴	6	3837	20	52	0
宁波	43	9692	0	81	0
杭州	0	24	10577	5979	16
湖州	0	25	65	5726	2
绍兴	0	8226	30	13	10
舟山	1398	42	0	0	0

续表

地区	水环境敏感性分区面积/km²				
	不敏感区	轻度敏感区	中度敏感区	高度敏感区	极敏感区
上海	6271	9	30	9	21
南京	0	0	6587	0	35
南通	9	0	14	8517	4
常州	0	4278	7	0	100
扬州	0	0	44	0	6590
无锡	0	62	5	0	4561
泰州	0	1	5724	18	44
苏州	35	14	24	5	8410
镇江	0	35	34	0	3774
台州	9411	0	0	0	0
嘉兴	34	30	3844	0	7
宁波	9798	0	18	0	0
杭州	27	16551	18	0	0
湖州	0	5773	13	0	32
绍兴	8237	41	1	0	0
舟山	1438	0	2	0	0

地区	人类干扰敏感性分区面积/km²				
	不敏感区	轻度敏感区	中度敏感区	高度敏感区	极敏感区
上海	5	46	18	6271	0
南京	0	0	0	6	6616
南通	0	6	8507	8	23
常州	0	0	0	59	4326
扬州	0	0	0	6580	54
无锡	0	25	6	4541	56
泰州	0	4	9	30	5744
苏州	0	8398	24	64	2
镇江	0	0	0	25	3818
台州	0	9401	0	10	0
嘉兴	2	3880	8	25	0
宁波	17	9764	0	35	0
杭州	0	16	8294	8286	0
湖州	0	3061	2751	6	0
绍兴	0	49	0	8230	0
舟山	1351	84	0	5	0

续表

地区	气候敏感性分区面积/km²				
	不敏感区	轻度敏感区	中度敏感区	高度敏感区	极敏感区
上海	9	0	29	6302	0
南京	0	41	6566	8	7
南通	8496	0	8	23	17
常州	0	29	9	4346	1
扬州	0	18	10	0	6606
无锡	0	0	42	4579	7
泰州	4	2	2	4	5775
苏州	9	0	8372	101	6
镇江	0	3748	28	42	25
台州	0	0	0	9411	0
嘉兴	0	0	13	3902	0
宁波	0	0	0	9816	0
杭州	0	0	0	16596	0
湖州	0	0	21	5797	0
绍兴	0	0	0	8279	0
舟山	0	0	0	1440	0

地区	综合生态敏感性分区面积/km²				
	不敏感区	轻度敏感区	中度敏感区	高度敏感区	极敏感区
上海	6537	6096	12	25	129
南京	0	0	0	6537	85
南通	0	27	7979	518	20
常州	0	0	9	4251	125
扬州	0	0	0	92	6542
无锡	0	0	21	958	3649
泰州	0	0	12	3556	2219
苏州	0	124	1596	6439	329
镇江	0	0	0	143	3700
台州	8976	435	0	0	0
嘉兴	0	46	3853	16	0
宁波	4132	5684	0	0	0
杭州	0	79	15960	557	0
湖州	0	8	3606	2185	19
绍兴	67	7678	531	3	0
舟山	1440	0	0	0	0

7.2.3　生态服务功能重要性分区统计均值

通过 GIS 软件，对长江三角洲生态服务功能重要性进行分区统计，计算出 16 个城市各自的均值（表7-3）。

表 7-3　长江三角洲生态服务功能重要性要素均值统计

地区	生态服务功能重要性要素均值			重要性综合
	生物多样性	水源涵养	土壤保持	
上海	4.78	2.22	4.34	2.54
南京	1.00	4.00	5.12	2.19
南通	3.05	2.22	3.21	2.13
常州	1.00	3.11	5.04	1.85
扬州	1.04	2.52	3.98	1.81
无锡	1.00	2.83	4.38	1.73
泰州	0.00	2.23	3.89	1.89
苏州	1.00	2.64	4.24	1.45
镇江	2.93	3.02	5.01	2.22
台州	5.00	4.28	1.21	2.94
嘉兴	5.00	2.24	4.99	2.80
宁波	4.33	3.96	2.37	3.16
杭州	5.00	4.80	6.10	3.86
湖州	3.00	3.86	5.28	2.74
绍兴	5.77	4.30	4.07	3.23
舟山	3.72	2.66	1.00	2.13

7.2.4　生态服务功能重要性分区面积

长江三角洲生态服务功能重要性分区面积统计见表7-4。

表 7-4　长江三角洲生态服务功能重要性分区面积统计

地区	生物多样性保护重要性面积/km²				水源涵养重要性面积/km²			
	一般重要区	比较重要区	中等重要区	极重要区	一般重要区	比较重要区	中等重要区	极重要区
上海	35	0	12	6293	6237	11	84	8
南京	6580	42	0	0	0	170	5896	556

续表

地区	生物多样性保护重要性面积/km²				水源涵养重要性面积/km²			
	一般重要区	比较重要区	中等重要区	极重要区	一般重要区	比较重要区	中等重要区	极重要区
南通	8	0	8520	16	8104	413	27	0
常州	4339	46	0	0	2329	0	1867	189
扬州	13	6621	0	0	5344	123	1125	42
无锡	4621	7	0	0	3352	14	851	411
泰州	12	42	5733	0	5483	270	34	0
苏州	8384	15	25	64	6460	228	1686	114
镇江	69	3774	0	0	2303	112	1117	311
台州	0	0	0	9411	4	3101	873	5433
嘉兴	10	17	11	3877	3837	0	58	20
宁波	0	0	41	9775	22	3079	2084	4631
杭州	0	33	0	16563	337	629	4707	10923
湖州	21	5748	0	49	2153	19	1163	2483
绍兴	0	0	0	8279	0	1920	2072	4287
舟山	0	0	1412	28	1036	90	314	0

地区	土壤保持重要性面积/km²				生态功能服务综合重要性面积/km²			
	一般重要区	比较重要区	中等重要区	极重要区	一般重要区	比较重要区	中等重要区	极重要区
上海	4	6314	22	0	33	6185	114	8
南京	0	7	6615	0	0	6617	5	0
南通	0	8544	0	0	12	8505	27	0
常州	0	2	4383	0	2119	1759	507	0
扬州	0	6611	23	0	5351	1243	40	0
无锡	0	53	4572	3	3304	1301	23	0
泰州	0	5756	3	28	2049	1944	1794	0
苏州	0	8451	37	0	6288	2186	14	0
镇江	0	26	3817	0	58	3524	261	0
台州	9361	50	0	0	0	3042	6345	24
嘉兴	3	58	3835	19	18	63	3774	60
宁波	41	9137	638	0	0	28	6242	3546
杭州	0	47	14796	1753	0	16	384	16196
湖州	0	15	29	5774	28	2300	3420	70
绍兴	11	8238	3	27	0	2	4025	4252
舟山	1418	22	0	0	375	1065	0	0

7.3 生态功能分区过程

（1）生态功能分区

依据区域生态环境敏感性、生态服务功能重要性，通过了解环境现状以及生态环境特征的相似性和差异性，来进行地理空间分区。

（2）分区依据和命名

① 分区依据

生态功能分区就是分成不同级别的生态功能单元。

一级区划分：以研究区环境地貌特征划分；

二级区划分：以生态系统类型划分；

三级区划分：以生态服务功能的重要性、生态环境敏感性等划分。

② 分区命名规则

一级区命名由地名＋气候特征（湿润、半湿润、干旱、半干旱等）或者地貌特征（平原、山地、丘陵、河谷等）＋生态区构成；二级区命名由地名＋生态系统典型状况（森林、湿地等）＋生态亚区组成；三级区的命名由地名＋人们从生态环境中受到的生态效益的特点以及生态环境敏感性因素＋生态功能区构成。

7.4 生态功能分区结果

在 ArcGIS10.0 软件下，结合生态敏感性综合分析、生态功能服务重要性、生态利用现状情况，先用影像分类中的 Iso 聚类非监督分类，即运用 Iso 聚类工具和最大似然法分类工具对所有输入栅格波段执行非监督分类。结合《生态功能区划技术暂行规程》中提出的生态功能分区原则与方法，先按自然地貌特征将研究区划分为三类生态区，即Ⅰ北部平原农业生态区，Ⅱ中部低丘平原生态区，Ⅲ南部丘陵生态区（图 7-1）；再根据生态系统类型划分 5 个生态亚区，即浙闽山地常绿阔叶林生态亚区 A、江淮平原生态亚区 B、城镇及城郊农业生态亚区 C、长江下游平原湿地生态亚区 D、丘陵农业生态亚区 E；结合生态敏感区、生态服务功能区等再划分 11 个生态功能区（图 7-2），具体情况如下。

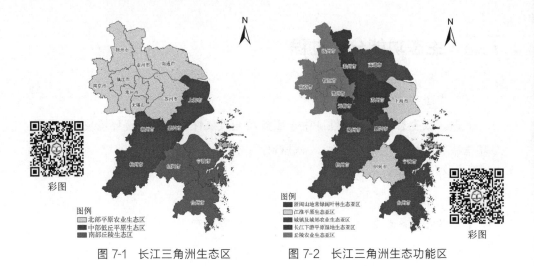

图 7-1 长江三角洲生态区   图 7-2 长江三角洲生态功能区

7.4.1 生态区

（1）北部平原农业生态区

包括扬州、泰州、南通、南京、镇江、常州、无锡、苏州 8 个城市在内，面积有 53038.34km^2。该地区多为平原地区，多种植水稻。地势平坦，分布有众多河流湖泊，如洪泽湖、太湖、骆马湖、高邮湖等，野生植物资源品类众多。位于生物多样性保护一般重要区和比较重要区，有较多市级和县级的自然保护区；水源涵养一般重要区和土壤保持极重要区和比较重要区；其生态系统服务功能的重要性为一般重要和比较重要。该区的生态敏感性表现为：位于土壤侵蚀、地貌类型、生境、水环境、人类干扰的极敏感区，气候的中度和极敏感区。

（2）中部低丘平原生态区

上海、湖州、嘉兴、杭州这四个城市位于中部低丘平原生态区，面积为39564.31km^2，天然湖泊、水系众多，拥有丰富的水产资源，少数丘陵分布于平原之上。该地主要种植水稻、冬小麦、油菜等农作物。位于生物多样性保护中等重要区和极重要区，有较多省级和国家级的自然保护区；水源涵养中等重要区和土壤保持中等重要区和极重要区；其生态系统服务功能的重要性为中等重要和比较重要。该区的生态敏感性表现为：位于土壤侵蚀不敏感区、中度敏感区和极敏感区；地貌类型的轻度敏感区和中度敏感区；湿润指数的极敏感区；生境和水环境的轻度敏感区和中度敏感区；人类干扰的中度和高度敏感区；气候的高度敏感区等。

（3）南部丘陵生态区

南部丘陵生态区区域面积有 48475.15km²，包含舟山、绍兴、宁波和台州四个城市。该地区丘陵较多，分布少量水系，多种植油料、茶叶、甘蔗、花生和水稻等农作物。位于生物多样性保护的极重要区，有较多国家一级自然保护区；水源涵养极重要区和土壤保持一般重要区和比较重要区；其生态系统服务功能的重要性为中等重要和极重要。该区的生态敏感性表现为：位于土壤侵蚀轻度敏感区；地貌类型和湿润指数的不敏感区；生境和水环境的轻度敏感区和不敏感区；人类干扰的轻度、中度和高度敏感区；气候的极度敏感区等。

7.4.2　生态功能区

在 11 个生态功能区中，有水源涵养生态功能区两处，生物多样性保护生态功能区 3 处，面积为 9855.93km²，土壤保持生态功能区面积为 13596.6km²，共 3 处，农产品提供生态功能区两处，林产品提供生态功能区 1 处，面积为 11001.41km²（表 7-5）。

表 7-5　长江三角洲生态功能分区表

序号	生态亚区	生态功能区	编号	面积/km²
1	浙闽山地常绿阔叶林生态亚区 A	浙闽山地水源涵养生态功能区	A1	40548.49
2	江淮平原生态亚区 B	上海生物多样性保护生态功能区	B1	9840.49
3		绍兴土壤保持生态功能区	B2	8761.82
4	城镇及城郊农业生态亚区 C	杭湖嘉低山水源涵养生态功能区	C1	30065.44
5		边界城郊土壤保持生态功能区	C2	3.12
6		南通城郊农产品提供生态功能区	C3	11123.53
7	长江下游平原湿地生态亚区 D	无锡平原湿地生物多样性保护区	D1	9.33
8		无锡湿地生物多样性保护生态功能区	D2	6.11
9		长江下游农产品提供生态功能区	D3	26704.28
10	丘陵农业生态亚区 E	无锡丘陵土壤保持生态功能区	E1	4831.69
11		扬州镇江丘陵林产品提供生态功能区	E2	11001.41

（1）水源涵养生态功能区

水源涵养生态功能区主要存在的问题：研究区内人口众多，大量人口向研究区内涌进，造成土地的承受能力增加，大量的房屋建设导致自然草地、天然植被的大量减少，生态系统逐渐趋向于单一化，稳定性较弱；湿地面积大量减少等。

对该区实施生态保护的方向：①将生态功能保护区建立在重要水源涵养区内，限制和禁止如无序采矿、毁林开荒、开垦草地等社会活动和生产方式，鼓励有利于保护生态系统水源涵养功能的生产方式，加强水资源的地方管理和保护，对自然植被的生长生活条件加以维护；②为提高生态系统的水源涵养的功能，要坚持治理土壤侵蚀，加大对水源涵养区森林、草原、湿地等生态系统的恢复与建设；③对水污染方面，开展建设生态清洁小流域，鼓励清洁生产，禁止发展产生水体污染的产业。

（2）生物多样性保护生态功能区

生物多样性保护生态功能区主要存在的问题：研究区人口较多，且存在大量流动人口，城镇住房、交通道路在不断增加，而这些建设用地面积的扩大意味着生态系统的天然要素在减少，天然植被森林减少，城市大量种植人工草地、人工防护林，体系单一，让原本稳定的生态系统遭到破坏，原生物种难以适应变化的环境，其种类将逐渐减少。

对该区实施生态保护的方向：①维护现有的环境保护区，增设环境保护地点，对自然保护区群的建设要更为重视；②自然保护区内，维持土地的原始用途，不允许在保护区域内建设任何对多样性有影响的建筑或进行对多样性有干扰的行为；③合理种植树木，规划房屋建设，营造自然与人类和谐稳定地发展环境；④保护本地的原生物种，合理维持和发展种群数目和栖息地面积；⑤加强对天然的环境系统和重要保护生物生活居住地点的管理和有效率的保护行为，尽量避免人为建设改变物种天然生存环境。

（3）土壤保持生态功能区

土壤保持生态功能区主要存在的问题：由于陡坡建设普遍，交通道路的建设、对矿产资源的开采、城镇化建设、大规模林木被砍伐、天然草地锐减等人类活动对土地的不合理利用，而导致的土壤侵蚀，植被地变为荒地等问题。

对该区实施生态保护的方向：①对人口变化进行合理统计，针对流动人口的安定政策持续改进；②实施退耕还林、天然林保护工程等措施，严禁森林破坏等人为活动；③对现存天然土地的开发和利用进行严格管制；④循序渐进治理河流污染。

（4）农产品提供生态功能区

农产品提供生态功能区主要存在的问题：农田被侵占、土壤肥力下降、各种农药化肥的过度使用导致面源污染；城市化进展迅速的同时，该功能区抵抗外界灾害的能力降低，自然条件变化对其造成的影响较大。

对该区实施生态保护的方向：①禁止占用农田来进行非农业生产的建设行为，提倡农田循环合理规划运用；②提高对农业系统多元化的研究，加大农业系统的稳定性；③农业产业形式进行调整，对其生产过程和有关的经济活动进行合理的组织。

（5）林产品提供生态功能区

林产品提供生态功能区主要存在的问题：林木被大量砍伐，森林锐减，质量普遍下降。

对该区实施生态保护的方向：①加快对快速生长林的林区建设和管理，平衡生态功能保护和木材生产制造的关系，合理地采伐树木，促使达到采伐和树木生长速度的平衡；②改善农村能源结构，推广使用清洁能源代替现有能源，减少对林地的压力。

参考文献

[1] 许开鹏. 基于小尺度空间的生态环境功能区规划研究 [J]. 西南师范大学学报（自然科学版），2017（2）：43-48.

[2] 邓伟，刘红，李世龙，等. 重庆市重要生态功能区生态系统服务动态变化 [J]. 环境科学研究，2015，28（2）：250-258.

[3] 王楠，张甦，梁成华，等. 县域生态功能区划方法探讨 [J]. 湖北农业科学，2011，50（14）：3016-3020.

[4] 蔡佳亮，殷贺，黄艺. 生态功能区划理论研究进展 [J]. 生态学报，2010，30（11）：3018-3027.

[5] 刘艳东，钱金平. 承德市生态功能区划研究 [M]. 北京：中国环境科学出版社，2011.

[6] 郑达贤，汤小华. 福建省生态功能区划研究 [M]. 北京：中国环境科学出版社，2007.

[7] BRADLEY J R，WIKLE C K，HOLAN S H. Regionalization of multiscale spatial processes by using a criterion for spatial aggregation error [J]. Journal of the Royal Statistical Society：Series B（Statistical Methodology），2017，79（3）：815-832.

[8] 宋小叶，王慧，袁兴中，等. 国内外生态功能区划理论研究 [J]. 资源开发与市场，2016，32（2）：170-173.

[9] DAILY G C. Nature's services：societal dependence on natural ecosystems（1997）[M]. //ROBIN L，SÖRLIN S，WARDE P. The future of nature：documents of global change. Yale University Press，2013.

［10］ 李涛，杨林红，张明，等．新疆环境功能区划与相关区划的关系及衔接［J］．新疆环境保护，2013，35（3）：38-42.

［11］ 万自凤．云南省公路自然区划研究［D］．重庆：重庆交通大学，2014.

［12］ 郑婷婷．高平市生态功能保护体系及区域划定研究［D］．太原：太原理工大学，2016.

［13］ 何必，李海涛，孙更新．地理信息系统原理教程［M］．北京：清华大学出版社，2010.

［14］ 唐毛玲．怀化大峡谷景区生态敏感性评价及生态功能区划研究［D］．长沙：中南林业科技大学，2021.

［15］ 李莉，李燃，赵翌晨，等．天津市典型区域水生态环境功能区划生态功能评价方法研究［J］．环境科学与管理，2020，45（5）：123-127.

［16］ 谢丽霞，白永平，车磊，等．基于价值-风险的黄河上游生态功能区生态分区建设［J］．自然资源学报，2021，36（1）：196-207.

［17］ 钟旭珍，刘馨悦，姚坤，等．基于生态功能分区的沱江流域土壤侵蚀研究［J］．西南大学学报（自然科学版），2021，43（12）：127-136.

［18］ 马欣，罗珠珠，张耀全，等．黄土高原雨养区不同种植年限紫花苜蓿土壤细菌群落特征与生态功能预测［J］．草业学报，2021，30（3）：54.

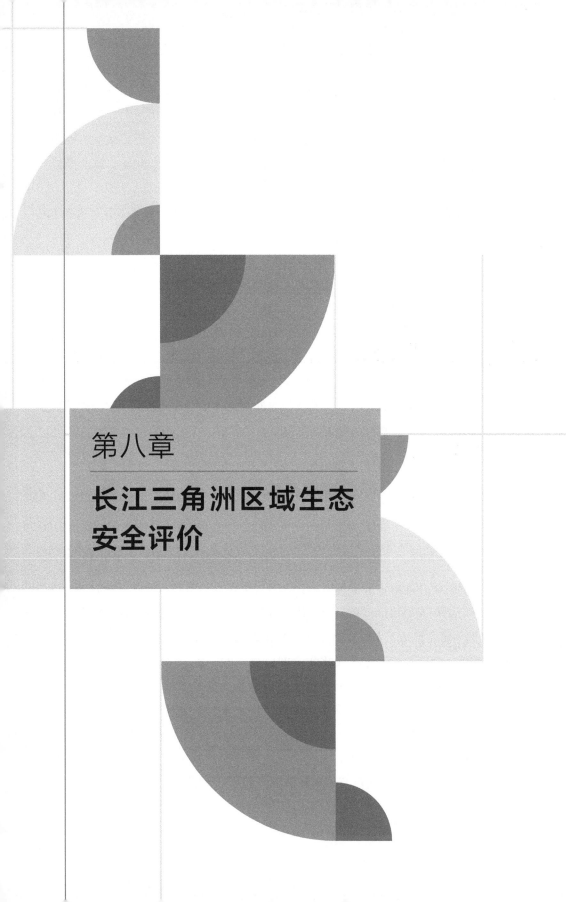

第八章

长江三角洲区域生态
安全评价

　　长江三角洲区域生态安全评价采用 PSR 模型，构建包含经济、社会和环境在内的生态安全评价指标体系，将熵权法与层次分析法相结合计算各指标权重，采用综合指数法得到长江三角洲生态安全综合指数。分析长江三角洲生态安全水平在时间和空间两个尺度上的变化规律，以及生态安全重心演变趋势和方向。

　　通过赋值法对长江三角洲生态安全进行评价，对长江三角洲生态安全水平处于低或中等区域进行判定，确定需要调控的重点区域。

　　从景观的角度，根据"源-汇"理论，采用 MCR 模型及重力模型对长江三角洲区域生态安全进行整体优化调控，同时对评价结果中的中低安全区进行重点优化调控。

　　基于"源"景观判定生态源地，利用 MCR 模型构建潜在生态廊道，根据源地间相互作用矩阵确定最佳生态廊道，利用 GIS 缓冲模型，根据缓冲区内"源-汇"景观变化比确定最佳生态廊道宽度，通过节点原理判定长江三角洲生态节点，根据断裂点原理判定长江三角洲生态断裂点，最终构建长江三角洲整体以及重点区域的生态调控优化网络。

8.1　生态安全评价建模研究

8.1.1　评价指标体系的构建

　　构建科学合理的评价指标体系是生态安全评价的基础，选取不同的指标体系可能会产生不同的评价结果。为了评价世界环境状况，欧洲经济合作与发展组织（OECD）建立了基于人类社会给环境施加压力，改变了环境的状态，人类社会通过环境、经济政策对这些变化作出响应原理的"压力-状态-响应"（PSR）模型。该模型很好地表达了人类社会活动与生态环境之间的相互关系。本文选用 PSR 模型，构建由目标层、准则层和指标层组成的长江三角洲生态安全指标体系。指标体系中目标层为长江三角洲的生态安全；准则层由资源生态环境压力、生态系统状态和人文社会响应 3 个子系统组成；指标层由人口密度、植被覆盖率、第三产业占 GDP 比重及城市环境保护投资指数等共 14 个指标组成，详见表 8-1。

表 8-1　长江三角洲生态安全评价指标体系

目标层	准则层		指标层	单位	指标属性
长江三角洲生态安全（A）	资源生态环境压力（B_1）	社会经济压力	人口密度（C_1）	人/km^2	逆向
			人口自然增长率（C_2）	‰	
			人均 GDP（C_3）	元/人	正向
		资源环境压力	人均耕地面积（C_4）	hm^2/人	
			植被覆盖率（C_5）	—	
	生态系统状态（B_2）	资源环境状态	建成区绿化覆盖率（C_6）	%	
			饮用水源水质达标率（C_7）	%	
			人均公共绿地面积（C_8）	m^2/人	
		社会发展状态	工业废水排放达标率（C_9）	%	
			固废综合利用率（C_{10}）	%	
			环境噪声达标区覆盖率（C_{11}）	%	
	人文社会响应（B_3）		第三产业占 GDP 比重（C_{12}）	%	
			用于教育的财政支出比率（C_{13}）	%	
			城市环境保护投资指数（C_{14}）	%	

（1）资源生态环境压力指标

资源生态环境的压力主要来源于两个方面，一是人为因素，即由于区域经济的发展，吸引大量的人口流入，而区域人口数量的急剧增加，极大地加快了区域自然资源的消耗与开发，最终导致区域的生态环境压力增大；另一个是自然因素，主要是由于洪水、地震等不可控因素，给区域生态环境带来破坏，从而增加了区域的生态环境压力。自然因素具有随机性和不可控性。由于自然因素的特性，以及区域的资源生态环境的压力主要来源于人为因素，资源生态环境压力评估主要选取人口密度、人口自然增长率、人均 GDP、人均耕地面积、植被覆盖率 5 项压力评价指标。

（2）生态系统状态指标

在不同的生态环境压力之下，生态环境系统会出现不同的生态环境及资源利用状态，代表的是在该压力之下，研究区域的生态系统安全程度。结合长江三角洲资源环境现状及数据获取的可行性，选取了包含建成区绿化覆盖率、饮用水源水质达标率、人均公共绿地面积、工业废水排放达标率、固废综合利用率、环境噪声达标区覆盖率在内的 6 项状态评价指标。

（3）人文社会响应指标

人文社会响应主要是指人类社会面对生态环境压力和生态系统状态时，所做出的改善系统环境的反馈措施。经济发展响应主要表现在第三产业占 GDP 比重，第三产业占比是评价一个国家现代化的重要标志之一，欧美发达国家的第三产业占比基本在 70% 以上。人文素养响应主要表现在用于教育的财政支出比率，社会文化水平主要反映在受教育程度上。生态环境保护响应主要表现在城市环境保护投资指数，而环保投资指数反映了一个区域对环境保护的重视程度。

8.1.2　评价指标标准值的划定

考虑到本节研究的对象为地级市，因此在选取指标基准值时主要以原国家环境保护总局公布的全国环境保护重点城市"城考结果"中的数据为参照，同时参考相关科学成果，详见表 8-2。

表 8-2　评价指标标准值

指标层	单位	标准值
人口密度（C_1）	人/km^2	300
人口自然增长率（C_2）	‰	0.7
人均 GDP（C_3）	元/人	100000
人均耕地面积（C_4）	hm^2/人	0.08
植被覆盖率（C_5）	—	0.245
建成区绿化覆盖率（C_6）	%	45
饮用水源水质达标率（C_7）	%	100
人均公共绿地面积（C_8）	m^2/人	20
工业废水排放达标率（C_9）	%	100
固废综合利用率（C_{10}）	%	100
环境噪声达标区覆盖率（C_{11}）	%	100
第三产业占 GDP 比重（C_{12}）	%	70
用于教育的财政支出比率（C_{13}）	%	19.08
城市环境保护投资指数（C_{14}）	%	4

8.2 生态安全评价过程

8.2.1 原始数据及预处理

评价指标有"正向型"和"逆向型"两类,"正向型"指标是指属性值越大越好的指标,"逆向型"指标是指属性值越小越好的指标。由于不同的指标有不同的单位,为了便于指标与指标之间的比较与计算,必须将不同的指标进行统一无量纲的标准化。其标准化过程如下:

对于正向指标,有

$$P(X_i)=\begin{cases} X_i/S_i, & X_i < S_i \\ 1, & X_i > S_i \\ 1, & X_i = S_i \end{cases}$$

对于逆向指标,有

$$P(X_i)=\begin{cases} 1, & X_i < S_i \\ 1, & X_i = S_i \\ X_i/S_i, & X_i > S_i \end{cases}$$

式中,$P(X_i)$ 为该指标的安全指数,$P(X_i)$ 越大,表示该指标评价越优,反之,则评价越差;X_i 为实际值;S_i 为生态安全评价指标的标准值。

通过查询 2000 年、2014 年的《长江和珠江三角洲及港澳特别行政区统计年鉴》《上海市统计年鉴》《浙江省统计年鉴》《江苏省统计年鉴》《中国城市统计年鉴》,16 个城市的《国民经济和社会发展统计公报》《中国环境状况公报》《水资源公报》等得到长江三角洲生态安全指标体系原始数据(表 8-3),再根据数据标准化模型,预处理得到长江三角洲指标体系标准化值(表 8-4)。

表 8-3 长江三角洲生态安全指标原始值

地区	年份	指标原始值												
		C_1	C_2	C_3	C_4	C_5	C_6	C_7	C_8	C_9	C_{10}	C_{11}	C_{12}	C_{13}	C_{14}
上海	2000	2084.00	−1.90	34547.00	0.03	0.02	22.20	96.60	4.60	93.20	93.30	80.70	50.63	14.96	3.10
	2014	3826.00	0.32	97370.00	0.02	0.01	38.40	90.20	13.79	89.40	97.51	81.30	64.80	14.10	2.97
杭州	2000	374.54	3.57	22342.00	0.06	0.71	25.60	97.20	7.40	90.20	92.30	88.30	41.18	15.49	2.10
	2014	431.28	5.10	129448.00	0.04	0.70	32.80	90.10	12.50	91.20	93.60	87.40	55.25	19.01	2.80

续表

地区	年份	指标原始值													
		C_1	C_2	C_3	C_4	C_5	C_6	C_7	C_8	C_9	C_{10}	C_{11}	C_{12}	C_{13}	C_{14}
宁波	2000	578.69	3.10	21786.00	0.07	0.47	27.30	96.50	6.30	89.30	93.40	88.50	35.82	13.13	3.00
	2014	623.36	4.50	130769.00	0.05	0.44	41.00	92.30	15.60	92.30	90.50	89.50	44.07	15.95	2.90
嘉兴	2000	846.13	2.50	16359.00	0.09	0.01	32.10	97.30	8.20	92.10	88.60	87.30	30.15	19.29	2.60
	2014	889.24	4.70	96607.00	0.08	0.01	36.30	93.20	19.80	92.10	92.60	87.30	41.58	22.59	3.20
湖州	2000	439.73	3.00	14794.00	0.11	0.45	30.20	96.50	7.60	92.40	90.60	87.30	29.68	22.27	2.80
	2014	453.47	2.00	74334.00	0.10	0.45	37.30	93.20	21.50	92.10	90.20	82.30	42.77	20.69	3.10
绍兴	2000	547.64	3.51	18042.00	0.06	0.58	28.20	96.20	7.50	86.30	93.20	87.90	29.37	22.20	3.20
	2014	560.73	1.70	96437.00	0.05	0.58	31.20	94.30	27.30	89.80	91.30	86.40	43.56	22.50	2.70
舟山	2000	717.80	1.02	11586.00	0.04	0.58	29.30	97.30	8.20	87.20	89.40	85.80	37.78	21.39	2.50
	2014	711.08	2.00	104239.00	0.04	0.56	28.50	91.20	21.40	91.60	92.40	88.40	38.17	13.08	2.80
台州	2000	580.84	7.22	12390.00	0.05	0.66	35.20	94.50	8.30	92.40	90.30	91.40	28.72	23.83	2.80
	2014	634.48	5.90	56876.00	0.04	0.65	36.70	97.80	13.80	87.40	89.20	87.20	47.02	22.58	3.40
南京	2000	825.97	20.71	18872.00	0.07	0.12	41.00	95.30	8.80	92.40	89.40	88.20	56.49	15.06	3.20
	2014	984.85	20.20	107545.00	0.04	0.11	44.10	92.30	15.00	88.90	89.30	82.30	56.50	14.85	2.80
无锡	2000	934.65	20.70	27653.00	0.05	0.10	35.70	95.20	8.00	84.90	92.50	90.30	48.40	19.32	3.60
	2014	1494.77	8.98	116861.00	0.03	0.10	42.90	93.20	14.80	92.40	92.30	87.50	48.40	15.11	2.40
常州	2000	780.53	17.33	17635.00	0.08	0.07	31.70	97.60	5.60	87.60	88.40	85.20	48.05	20.91	2.90
	2014	1256.28	13.20	110923.00	0.05	0.07	43.00	95.20	13.20	91.20	91.40	85.60	48.00	15.68	2.40
苏州	2000	681.16	22.56	26692.00	0.06	0.02	31.10	93.20	5.50	88.70	87.50	90.40	48.43	13.45	3.50
	2014	725.34	2.43	129426.00	0.03	0.02	42.20	92.50	15.20	91.30	90.20	83.40	48.40	15.64	1.90
南通	2000	980.54	−0.22	9378.00	0.10	0.02	28.00	96.40	6.90	90.50	88.50	87.40	44.24	20.16	2.90
	2014	994.53	3.21	89766.00	0.10	0.00	42.20	93.20	16.80	92.80	90.20	83.20	44.20	21.84	2.60
扬州	2000	678.85	7.86	10515.00	0.10	0.01	35.90	94.30	8.10	87.30	89.50	87.50	42.86	22.18	3.30
	2014	1005.38	21.32	100578.00	0.09	0.01	43.60	92.50	18.00	93.70	92.10	82.40	42.90	17.78	3.00
镇江	2000	693.91	11.27	16967.00	0.09	0.10	34.70	92.30	6.20	92.40	89.50	82.70	46.12	24.94	2.90
	2014	950.46	8.53	117544.00	0.07	0.10	42.50	95.10	18.70	92.80	92.00	86.50	46.10	17.61	3.20
泰州	2000	866.18	1.05	8082.00	0.09	0.00	25.30	95.60	3.10	93.20	82.40	90.50	43.44	16.76	2.60
	2014	1045.44	3.23	86997.00	0.09	0.00	40.70	97.40	9.50	89.50	90.20	84.30	43.40	15.95	2.30

表 8-4 长江三角洲生态安全指标标准化值

地区	年份	指标标准化值													
		C_1	C_2	C_3	C_4	C_5	C_6	C_7	C_8	C_9	C_{10}	C_{11}	C_{12}	C_{13}	C_{14}
上海	2000	0.14	1.00	0.35	0.35	0.06	0.49	0.97	0.23	0.93	0.93	0.81	0.72	0.78	0.78
	2014	0.08	1.00	0.97	0.19	0.06	0.85	0.90	0.69	0.89	0.98	0.81	0.93	0.79	0.74
杭州	2000	0.80	0.20	0.22	0.69	1.00	0.57	0.97	0.37	0.90	0.92	0.88	0.59	0.81	0.53
	2014	0.70	0.14	1.00	0.53	1.00	0.73	0.90	0.63	0.91	0.94	0.87	0.79	1.00	0.70
宁波	2000	0.52	0.23	0.22	0.85	1.00	0.61	0.97	0.32	0.89	0.93	0.89	0.51	0.69	0.75
	2014	0.48	0.16	1.00	0.67	1.00	0.91	0.92	0.78	0.92	0.91	0.90	0.63	0.90	0.73
嘉兴	2000	0.36	0.28	0.16	1.00	0.04	0.71	0.97	0.41	0.92	0.89	0.87	0.43	1.00	0.65
	2014	0.34	0.15	0.97	0.95	0.05	0.81	0.93	0.99	0.92	0.93	0.87	0.59	1.00	0.80
湖州	2000	0.34	0.15	0.97	0.95	1.00	0.81	0.93	0.99	0.92	0.90	0.87	0.59	1.00	0.80
	2014	0.66	0.35	0.74	1.00	1.00	0.83	0.93	1.00	0.92	0.90	0.82	0.61	1.00	0.78
绍兴	2000	0.55	0.20	0.18	0.79	1.00	0.63	0.96	0.38	0.86	0.93	0.88	0.42	1.00	0.80
	2014	0.54	0.41	0.96	0.67	1.00	0.69	0.94	1.37	0.90	0.91	0.86	0.62	0.84	0.68
舟山	2000	0.42	0.69	0.12	0.49	1.00	0.65	0.97	0.41	0.87	0.89	0.86	0.54	1.00	0.63
	2014	0.42	0.35	1.00	0.45	1.00	0.63	0.91	1.00	0.92	0.92	0.88	0.55	0.73	0.70
台州	2000	0.52	0.10	0.12	0.61	1.00	0.78	0.95	0.42	0.92	0.90	0.91	0.41	1.00	0.70
	2014	0.47	0.12	0.57	0.51	1.00	0.82	0.98	0.69	0.87	0.89	0.87	0.67	1.00	0.85
南京	2000	0.36	0.03	0.19	0.83	0.47	0.91	0.95	0.44	0.92	0.89	0.88	0.81	0.79	0.80
	2014	0.31	0.04	1.00	0.53	0.46	0.98	0.92	0.75	0.89	0.89	0.82	0.81	0.83	0.70
无锡	2000	0.32	0.03	0.28	0.60	0.41	0.79	0.95	0.40	0.85	0.93	0.90	0.69	1.00	0.90
	2014	0.20	0.08	1.00	0.37	0.42	0.95	0.93	0.74	0.92	0.92	0.88	0.69	0.85	0.60
常州	2000	0.38	0.04	0.18	0.95	0.29	0.70	0.98	0.28	0.88	0.88	0.85	0.69	1.00	0.73
	2014	0.24	0.05	1.00	0.66	0.28	0.96	0.95	0.66	0.91	0.91	0.86	0.69	0.88	0.60
苏州	2000	0.44	0.03	0.27	0.79	0.10	0.69	0.93	0.28	0.89	0.88	0.90	0.69	0.71	0.88
	2014	0.41	0.29	1.00	0.34	0.10	0.94	0.93	0.76	0.91	0.90	0.83	0.69	0.88	0.48
南通	2000	0.31	1.00	0.09	1.00	0.09	0.62	0.96	0.35	0.91	0.89	0.87	0.63	1.00	0.73
	2014	0.30	0.22	0.90	1.00	0.02	0.95	0.93	0.84	0.93	0.90	0.83	0.63	1.00	0.65
扬州	2000	0.44	0.09	0.11	1.00	0.04	0.80	0.94	0.41	0.87	0.90	0.88	0.61	1.00	0.83
	2014	0.30	0.03	1.00	1.00	0.03	0.97	0.93	0.90	0.94	0.92	0.82	0.61	1.00	0.75

续表

地区	年份	指标标准化值													
		C_1	C_2	C_3	C_4	C_5	C_6	C_7	C_8	C_9	C_{10}	C_{11}	C_{12}	C_{13}	C_{14}
镇江	2000	0.43	0.06	0.17	1.00	0.42	0.77	0.92	0.31	0.92	0.90	0.83	0.66	1.00	0.73
	2014	0.32	0.08	1.00	0.92	0.42	0.94	0.95	0.94	0.93	0.92	0.87	0.66	0.99	0.80
泰州	2000	0.35	0.67	0.08	1.00	0.01	0.56	0.96	0.16	0.93	0.82	0.91	0.62	0.88	0.65
	2014	0.29	0.22	0.87	1.00	0.01	0.90	0.97	0.48	0.90	0.90	0.84	0.62	0.90	0.58

8.2.2　指标权重的确定

在生态安全指数的计算过程中，指标权重的计算至关重要。指标权重表示单个指标在整个体系中的价值的高低和相对重要度。不同的权重计算方法，会得到不同的指标权重，从而对最终的评价结果产生影响。计算指标权重的方法有很多，主要分为客观赋权法、主观赋权法及组合赋权法。客观赋权法是指直接利用各指标的数值计算，即根据各指标传递给决策者信息量的大小来确定该指标的权重的一种方法，如变异系数法和熵权法等。主观赋权法的主要依据是评价者自身对指标的重视度，如层次分析法等。组合赋权法则是以上两者的结合。客观赋权法仅根据指标提供的数据量的多少来决定权重，没有考虑实际情况下数据获取的可行性以及决策者的意向；主观赋权法的权重主要取决于决策者意向，使得结果可能会由于决策者的主观意向而出现偏差。本文采用既能兼顾主观偏好又能有效利用客观信息的组合赋权法来计算长江三角洲生态安全指数综合权重，具体为层次分析法与熵权法相结合。

（1）层次分析法确定指标权重

① 构造判断矩阵

根据表 8-5 中评价各指标间的相对重要程度，构造 A-B、B_1-C、B_2-C、B_3-C 四个判断矩阵。

表 8-5　相对重要性标度

标度	定义
1	i 因素与 j 因素相同重要
3	i 因素与 j 因素略重要
5	i 因素与 j 因素较重要
7	i 因素与 j 因素非常重要

标度	定义
9	i 因素与 j 因素绝对重要
2,4,6,8	为以上两判断之间的中间状态对应的标度值
倒数	若 i 因素与 j 因素比较,得到判读值为 $a_{ij}=1/a_{ij}$

注：表中 i 和 j 因素是指各项评价指标

② 一致性检验

一致性检验定义：$CI=\dfrac{\lambda_{\max}-n}{n-1}$。$CI$ 越小，矩阵的一致性越好。对 $1\sim 9$ 阶矩阵，平均随机一致性指标 RI 见表 8-6。由于本节矩阵阶数 >2，因此采用随机一致性比率来检验一致性，一致性比率定义：$CR=\dfrac{CI}{RI}$，当 $CR<0.1$，则认为判断矩阵通过了一致性检验。

表 8-6　平均随机一致性指标

阶数	1	2	3	4	5	6	7	8	9
RI	0	0	0.58	0.90	1.12	1.24	1.32	1.41	1.45

③ 层次总排序

利用同一层次中所有单排序的结果，就可以计算针对上一层次而言本层次所有元素的重要性的权重值。最后得到长江三角洲 14 个指标因子的层次总排序。

(2) 熵权法确定指标权重

① 第 i 指标的信息熵：

$$H_i=-[\ln(n)]^{-1}\sum_{j=1}^{n}f_{(i,j)}\ln f_{(i,j)}$$

$$f_{(i,j)}=\frac{A_{ij}}{\sum\limits_{j=1}^{n}A_{ij}}$$

式中，H_i 为第 i 个指标单元的信息熵，当 $f_{(i,j)}=0$ 时，$f_{(i,j)}\ln f_{(i,j)}=0$；n 为组成研究对象的样本单位个数；A_{ij} 为第 i 个评价单元第 j 项因子的标准值。

② 第 i 指标的权重：

$$W_i=\frac{1-H_i}{m-\sum\limits_{i=1}^{m}H_i}$$

式中，W_i 为第 i 指标的熵权；m 为反映样本质量的评价指标个数；H_i 为

第 i 个指标单元的信息熵。

　　将层次分析法和熵权法计算得到的生态安全指标权重进行平均处理，即得到了长江三角洲区域生态安全评价指标体系中的各指标权重（表 8-7）。

表 8-7　生态安全评价指标权重

目标层	准则层	指标层	AHP 权重	熵权法权重	综合权重	
长江三角洲生态安全（A）	资源生态环境压力（B₁）	人口密度（C₁）	0.0338	0.0863	0.0600	0.6218
		人口自然增长率（C₂）	0.0338	0.3589	0.1964	
		人均 GDP（C₃）	0.0861	0.0082	0.0471	
		人均耕地面积（C₄）	0.0732	0.0786	0.0759	
		植被覆盖率（C₅）	0.0732	0.4116	0.2424	
	生态系统状态（B₂）	建成区绿化覆盖率（C₆）	0.0387	0.0070	0.0229	0.2874
		饮用水源水质达标率（C₇）	0.0704	0.0002	0.0353	
		人均公共绿地面积（C₈）	0.0387	0.0269	0.0328	
		工业废水排放达标率（C₉）	0.1579	0.0002	0.0790	
		固废综合利用率（C₁₀）	0.1278	0.0002	0.0640	
		环境噪声达标区覆盖率（C₁₁）	0.1064	0.0004	0.0534	
	人文社会响应（B₃）	第三产业占 GDP 比重（C₁₂）	0.0421	0.0084	0.0252	0.0908
		用于教育的财政支出比率（C₁₃）	0.0304	0.0042	0.0173	
		城市环境保护投资指数（C₁₄）	0.0876	0.0090	0.0483	

8.2.3　生态安全综合指数的计算

　　生态安全综合指数（ESCV）表示城市生态安全程度，生态安全指数的计算模型为：

$$\mathrm{ESI} = \sum_{i=1}^{n} A_{ij} \times W_i$$

　　式中，ESI 为评价对象的生态安全指数；A_{ij} 为第 i 个评价单元第 j 项因子的标准值；W_i 为第 i 指标的熵权。

8.2.4　评价分级标准的确定

　　结合生态安全划分原则及参考相关研究，将长江三角洲生态安全划分为六级，级别越高对应的生态安全水平越高（表 8-8）。

表 8-8　生态安全评价分级标准

生态安全等级	生态安全综合指数(ESCV)	生态安全状态	不同生态等级特征
Ⅰ级	0.00～0.45	极不安全	生态系统接近无法运转的状态,自我修复能力几乎为零,需要人为修复和重点保护
Ⅱ级	0.45～0.55	不安全	系统自我修复能力较弱,环境退化异常严重,系统功能大大减弱
Ⅲ级	0.55～0.65	临界安全	生态系统遭到破坏,环境退化比较严重,人类安全受生态灾害影响较为严重
Ⅳ级	0.65～0.75	较安全	生态问题较少,生态系统功能比较健全,受人类活动影响较小
Ⅴ级	0.75～0.85	安全	基本无生态问题,生态系统功能健全,生态灾害少
Ⅵ级	0.85～1.00	理想安全	生态安全状态良好,生态系统功能健全,无生态灾害

8.2.5　重心分析

重心是衡量某种属性在区域总体分布状况的一个指标,其分布趋势可揭示属性在空间分布的不均衡程度。将重心方法引入长江三角洲生态安全研究有助于揭示区域生态安全的动态演变过程、迁移途径,预测发展方向。

生态安全重心坐标计算公式如下:

$$X = \sum_{i=1}^{n} \mathrm{ESCV}_i \times X_i / \sum_{i=1}^{n} \mathrm{ESCV}_i , Y = \sum_{i=1}^{n} \mathrm{ESCV}_i \times Y_i / \sum_{i=1}^{n} \mathrm{ESCV}_i$$

式中,X,Y 为生态安全重心坐标;X_i,Y_i 为评价区域内各城市的中心经纬度坐标。

重心迁移距离:

$$D_{i-j} = R \times \sqrt{(Y_i - Y_j)^2 + (X_i - X_j)^2}$$

式中,D_{i-j} 为重心从第 i 年到第 j 年的迁移距离;R 为系数 111.111。

8.3　生态安全评价结果

根据上述计算方法得到 2000 年、2014 年的长江三角洲生态安全指数 (表 8-9)。

表 8-9　2000 年、2014 年长江三角洲 16 座城市的生态安全指数

地区	年份	生态安全指数														综合指数	生态级别	安全状态
		C_1	C_2	C_3	C_4	C_5	C_6	C_7	C_8	C_9	C_{10}	C_{11}	C_{12}	C_{13}	C_{14}			
上海	2000	0.0086	0.1964	0.0162	0.0268	0.0144	0.0113	0.0341	0.0075	0.0736	0.0597	0.0431	0.0182	0.0136	0.0374	0.5611	III级	临界
	2014	0.0047	0.1964	0.0459	0.0141	0.0141	0.0195	0.0318	0.0226	0.0706	0.0624	0.0434	0.0233	0.0137	0.0359	0.5985	III级	临界
杭州	2000	0.0481	0.0385	0.0105	0.0526	0.2424	0.0130	0.0343	0.0121	0.0713	0.0591	0.0472	0.0148	0.0140	0.0254	0.6833	IV级	较安全
	2014	0.0418	0.0269	0.0471	0.0403	0.2424	0.0167	0.0318	0.0205	0.0720	0.0599	0.0467	0.0199	0.0173	0.0338	0.7171	IV级	较安全
宁波	2000	0.0311	0.0444	0.0103	0.0644	0.2424	0.0139	0.0341	0.0103	0.0705	0.0598	0.0473	0.0129	0.0119	0.0362	0.6895	IV级	较安全
	2014	0.0289	0.0306	0.0471	0.0505	0.2424	0.0209	0.0326	0.0256	0.0729	0.0579	0.0478	0.0159	0.0155	0.0350	0.7236	IV级	较安全
嘉兴	2000	0.0213	0.0550	0.0077	0.0759	0.0106	0.0163	0.0343	0.0134	0.0728	0.0567	0.0466	0.0109	0.0173	0.0314	0.4702	II级	不安全
	2014	0.0202	0.0293	0.0455	0.0723	0.0109	0.0185	0.0329	0.0325	0.0728	0.0593	0.0466	0.0150	0.0173	0.0386	0.5116	II级	不安全
湖州	2000	0.0202	0.0293	0.0455	0.0723	0.0109	0.0185	0.0329	0.0325	0.0728	0.0593	0.0466	0.0150	0.0173	0.0386	0.5116	II级	不安全
	2014	0.0397	0.0687	0.0350	0.0759	0.2424	0.0190	0.0329	0.0328	0.0728	0.0577	0.0439	0.0154	0.0173	0.0374	0.7910	V级	安全
绍兴	2000	0.0329	0.0391	0.0085	0.0599	0.2424	0.0144	0.0340	0.0123	0.0682	0.0596	0.0469	0.0106	0.0173	0.0386	0.6847	IV级	较安全
	2014	0.0321	0.0809	0.0454	0.0510	0.2424	0.0159	0.0333	0.0448	0.0709	0.0584	0.0461	0.0157	0.0173	0.0326	0.7868	V级	安全
舟山	2000	0.0251	0.1347	0.0055	0.0371	0.2424	0.0149	0.0343	0.0134	0.0689	0.0572	0.0458	0.0136	0.0173	0.0302	0.7405	IV级	较安全
	2014	0.0253	0.0687	0.0471	0.0339	0.2424	0.0145	0.0322	0.0328	0.0724	0.0591	0.0472	0.0137	0.0127	0.0338	0.7359	IV级	较安全
台州	2000	0.0310	0.0191	0.0058	0.0465	0.2424	0.0179	0.0334	0.0136	0.0730	0.0578	0.0488	0.0103	0.0173	0.0338	0.6507	III级	临界
	2014	0.0284	0.0234	0.0268	0.0390	0.2424	0.0187	0.0345	0.0226	0.0690	0.0571	0.0466	0.0169	0.0173	0.0411	0.6838	IV级	较安全

续表

地区	年份	生态安全指数														综合指数	生态级别	安全状态
		C_1	C_2	C_3	C_4	C_5	C_6	C_7	C_8	C_9	C_{10}	C_{11}	C_{12}	C_{13}	C_{14}			
南京	2000	0.0218	0.0067	0.0089	0.0627	0.1143	0.0209	0.0336	0.0144	0.0730	0.0572	0.0471	0.0203	0.0136	0.0386	0.5333	II级	不安全
	2014	0.0183	0.0069	0.0471	0.0402	0.1125	0.0224	0.0326	0.0246	0.0702	0.0572	0.0439	0.0203	0.0144	0.0338	0.5444	II级	不安全
无锡	2000	0.0193	0.0067	0.0130	0.0452	0.0990	0.0182	0.0336	0.0131	0.0671	0.0592	0.0482	0.0174	0.0173	0.0435	0.5008	II级	安全
	2014	0.0121	0.0153	0.0471	0.0280	0.1011	0.0218	0.0329	0.0243	0.0730	0.0591	0.0467	0.0174	0.0147	0.0290	0.5224	II级	不安全
常州	2000	0.0230	0.0079	0.0083	0.0718	0.0692	0.0161	0.0345	0.0092	0.0692	0.0566	0.0455	0.0173	0.0173	0.0350	0.4808	II级	不安全
	2014	0.0143	0.0104	0.0471	0.0497	0.0686	0.0219	0.0336	0.0216	0.0720	0.0585	0.0457	0.0173	0.0152	0.0290	0.5051	II级	不安全
苏州	2000	0.0264	0.0061	0.0126	0.0597	0.0239	0.0158	0.0329	0.0090	0.0701	0.0560	0.0483	0.0174	0.0122	0.0423	0.4327	I级	极不安全
	2014	0.0248	0.0566	0.0471	0.0258	0.0240	0.0215	0.0327	0.0249	0.0721	0.0577	0.0445	0.0174	0.0152	0.0229	0.4873	II级	不安全
南通	2000	0.0184	0.1964	0.0044	0.0759	0.0207	0.0142	0.0340	0.0113	0.0715	0.0566	0.0467	0.0159	0.0173	0.0350	0.6184	III级	临界
	2014	0.0181	0.0428	0.0423	0.0759	0.0044	0.0217	0.0329	0.0276	0.0733	0.0577	0.0444	0.0159	0.0173	0.0314	0.5057	II级	不安全
扬州	2000	0.0265	0.0175	0.0049	0.0759	0.0109	0.0183	0.0333	0.0133	0.0690	0.0573	0.0467	0.0154	0.0173	0.0398	0.4461	I级	极不安全
	2014	0.0179	0.0065	0.0471	0.0759	0.0063	0.0222	0.0327	0.0295	0.0740	0.0589	0.0440	0.0154	0.0173	0.0362	0.4839	II级	不安全
镇江	2000	0.0259	0.0122	0.0080	0.0699	0.1029	0.0177	0.0326	0.0102	0.0730	0.0573	0.0442	0.0166	0.0173	0.0350	0.5287	II级	不安全
	2014	0.0190	0.0161	0.0471	0.0759	0.1013	0.0216	0.0336	0.0307	0.0733	0.0589	0.0462	0.0166	0.0171	0.0386	0.5900	III级	临界
泰州	2000	0.0208	0.1310	0.0038	0.0759	0.0016	0.0129	0.0337	0.0051	0.0736	0.0527	0.0483	0.0156	0.0152	0.0314	0.5217	II级	临界
	2014	0.0172	0.0426	0.0410	0.0759	0.0019	0.0207	0.0344	0.0156	0.0707	0.0577	0.0450	0.0156	0.0155	0.0278	0.4817	II级	不安全

8.3.1 区域生态安全时间演变分析

（1）单指标时间演变分析

① 资源生态环境压力指标

从 2000 年到 2014 年，长江三角洲各城市资源生态环境压力安全指数变化差异明显（图 8-1）。湖州、绍兴、苏州、镇江、嘉兴、扬州、上海、台州、常州、宁波、杭州、无锡、南京 13 座城市的压力安全指数呈上升趋势，且增长速率差异较大。压力安全指数增长最快的是苏州，增长率达到了 185.16%，其次为绍兴、南京、无锡、常州、镇江、湖州、扬州、台州、宁波、杭州和嘉兴，增长率分别为 96.94%、93.46%、91.05%、83.36%、78.22%、51.03%、46.00%、40.64%、24.33%、19.28% 和 13.05%。压力安全指数增长率最低是上海，增长率为 11.60%。舟山、泰州、南通 3 座城市的压力安全指数呈明显的下降趋势，分别下降了 14.59%、35.20% 和 52.90%。

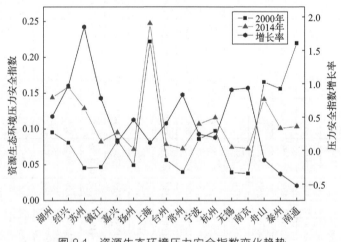

图 8-1 资源生态环境压力安全指数变化趋势

② 生态系统状态指标

从 2000 年到 2014 年，湖州的生态系统状态指数增长明显，增长率为 67.01%。其他城市生态系统状态安全指数变化较为均衡（图 8-2）。除湖州外，泰州、扬州、嘉兴、镇江、绍兴、舟山、上海、南通、宁波、无锡 10 座城市的状态安全指数呈缓慢上升趋势，增长率分别为 5.95%、5.84%、5.83%、5.27%、4.67%、3.96%、2.97%、2.09%、1.45%、0.86%。常州、杭州、台

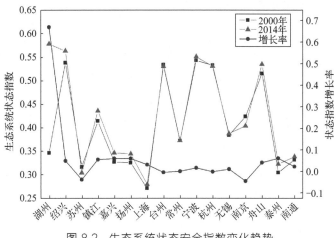

图 8-2　生态系统状态安全指数变化趋势

州、苏州、南京的生态系统状态安全指数呈缓慢下降趋势，下降率分别为 0.08%、0.32%、0.65%、3.95%和4.66%。

③ 人文社会响应指标

从 2000 年到 2014 年，长江三角洲各城市生态安全人文社会响应指数变化差异明显（图 8-3）。杭州、台州、嘉兴、宁波、上海、镇江 6 座城市的人文社会响应指数呈上升趋势，增长率分别为 30.93%、22.54%、19.06%、8.79%、5.36%和4.98%。湖州、舟山、绍兴、扬州、南通、泰州、南京、常州、无锡、苏州 10 个城市的人文社会响应指数呈下降趋势，分别下降了 1.10%、1.40%、1.42%、5.00%、5.35%、5.36%、5.58%、11.66%、21.90%和22.74%。

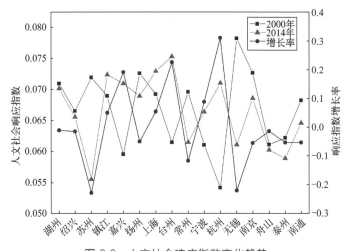

图 8-3　人文社会响应指数变化趋势

（2）综合指标时间演变分析

从 2000 年到 2014 年，长江三角洲各城市生态安全综合指数变化差异较大（图 8-4）。湖州、绍兴、苏州、镇江、嘉兴、扬州、上海、台州、常州、宁波、杭州、无锡、南京 13 城市的生态安全综合指数有明显提升，且增长速率差异明显。增长速率最高的是湖州市，综合指数增加了 0.2794，增长率为 54.61％，其次为绍兴、苏州、镇江，增长率分别为 14.92 ％、12.62％ 和 11.60％，增长速率最低的是南京，综合指数增加了 0.0111，增长率为 2.09％。舟山、泰州、南通 3 城市的生态安全综合指数呈现明显的下降趋势，分别下降了 0.62％、7.67％ 和 18.22％。

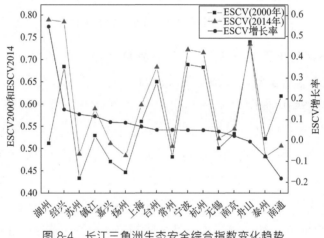

图 8-4　长江三角洲生态安全综合指数变化趋势

8.3.2　区域生态安全空间演变分析

（1）单指标空间演变分析

① 资源生态环境压力指标

长江三角洲的压力安全指数整体呈现南部区域＞北部区域、东部区域＞西部区域的空间分布特征（图 8-5）。生态安全压力指数越高，表示该区域生态安全压力越小，生态安全状态越好；反之，生态安全压力指数越小，则表示该区域生态安全压力大，生态安全状态较差。从图 8-5 可知，2000 年长江三角洲生态安全压力指数最高的是上海，其次为南通、舟山、泰州、杭州、湖州、宁波、嘉兴、绍兴、台州、扬州、镇江、苏州、常州和无锡，南京的生态安全压力指数最低。2014 年长江三角洲生态安全压力指数空间分布趋势基本保持不变，安全指数最高的是上海，最低的是扬州，其他城市的的压力安全指数从高到低依次为绍兴、湖州、舟山、苏州、杭州、宁波、南通、泰州、嘉兴、镇江、台州、无锡、南京、常州。

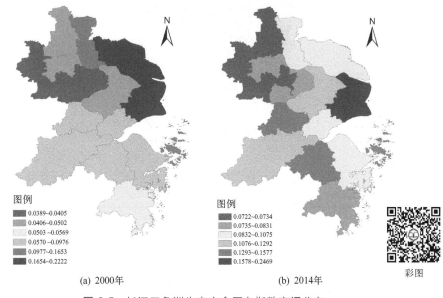

(a) 2000年　　　　　　　　　　(b) 2014年　　　　　　　彩图

图 8-5　长江三角洲生态安全压力指数空间分布

　　由长江三角洲生态安全压力指数演变程度空间表达图（图 8-6）可知，从 2000 年到 2014 年长江三角洲压力安全指数包含四种不同程度的演变趋势，压力安全指数空间演变趋势波动较大，总体表现为"局部下降，整体增长"的特征。具体表现为：南通处于快速下降区；舟山和泰州处于缓慢下降区；苏州、绍兴、南京、无锡、常州、镇江、湖州处于快速增长区；扬州、台州、宁波、杭州、嘉兴、上海处于缓慢增长区。

　　② 生态系统状态指标

　　长江三角洲的生态系统状态安全指数整体呈现明显的"南部区域＞北部区域"的空间分布特征（图 8-7）。状态安全指数越高，表示该区域的生态状态越好。由图 8-7 可知，2000 年长江三角洲的状态安全指数最高的是宁波，最低的是上海，其他城市的状态安全指数从高到低依次为绍兴、台州、杭州、舟山、南京、镇江、无锡、常州、湖州、南通、嘉兴、扬州、苏州、泰州。2014 年长江三角洲状态安全指数空间分布趋势大体保持不变，状态安全指数最高的是湖州，最低的是上海，其他城市的状态安全指数从高到低依次为绍兴、宁波、舟山、杭州、台州、镇江、南京、无锡、常州、嘉兴、扬州、南通、泰州、苏州。

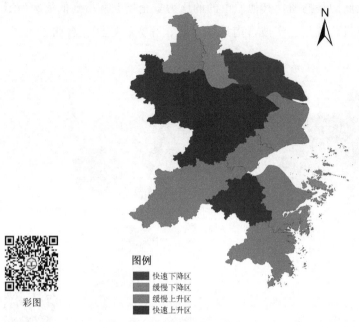

图例
快速下降区
缓慢下降区
缓慢上升区
快速上升区

彩图

图 8-6　长江三角洲生态安全压力指数演变程度空间分布

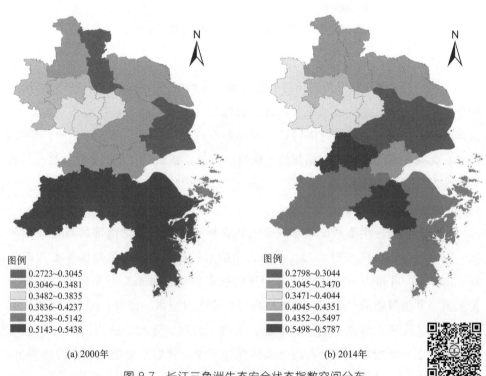

图例
0.2723~0.3045
0.3046~0.3481
0.3482~0.3835
0.3836~0.4237
0.4238~0.5142
0.5143~0.5438

图例
0.2798~0.3044
0.3045~0.3470
0.3471~0.4044
0.4045~0.4351
0.4352~0.5497
0.5498~0.5787

(a) 2000年　　　　　　　　　　　　　(b) 2014年

图 8-7　长江三角洲生态安全状态指数空间分布

彩图

由长江三角洲生态安全状态指数演变程度空间表达图（图 8-8）可知，从 2000 年到 2014 年长江三角洲状态安全指数呈现三种不同程度的演变趋势，区域内状态安全指数无快速下降区，演变趋势较为平稳，总体表现为"西部下降、东部增长"的特征。具体表现有：南京、常州、苏州、杭州、台州 5 座城市处于缓慢下降区；湖州处于快速上升区；泰州、扬州、嘉兴、镇江、绍兴、舟山、上海、南通、宁波、无锡 10 座城市处于缓慢增长区。

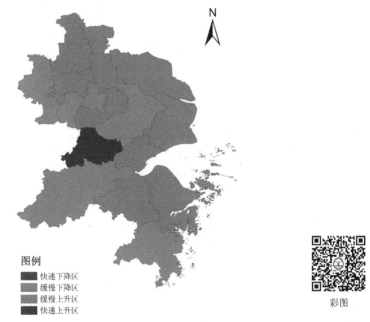

图例

- ■ 快速下降区
- ▨ 缓慢下降区
- ▨ 缓慢上升区
- ■ 快速上升区

彩图

图 8-8　长江三角洲生态安全状态指数演变程度空间分布

③ 人文社会响应指标

2000 年长江三角洲响应安全指数呈现明显的"北部区域＞南部区域"的空间分布特征，2014 年长江三角洲南北两极以及中部区域的响应安全指数相比其他区域较高（图 8-9）。2000 年长三角响应安全指数最高的是无锡，最低的是杭州，其他城市的响应安全指数从高到低依次为南京、扬州、苏州、湖州、常州、上海、镇江、南通、绍兴、泰州、台州、舟山、宁波、嘉兴。2014 年长江三角洲响应安全指数最高的是台州，最低的是苏州，其他城市的响应安全指数从高到低依次为上海、镇江、杭州、嘉兴、湖州、扬州、南京、宁波、绍兴、南通、常州、无锡、舟山、泰州。

由长江三角洲生态安全响应指数演变程度空间表达图（图 8-10）可知，从 2000 年到 2014 年长江三角洲响应安全指数只有两种不同程度的演变趋势，区域

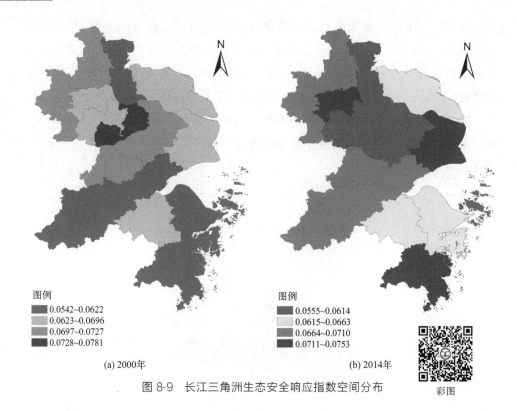

图 8-9　长江三角洲生态安全响应指数空间分布

内响应安全指数无快速下降区和快速增长区，演变趋势平稳，总体表现为"北部下降、南部增长"的特征。具体表现有：湖州、舟山、绍兴、扬州、南通、泰州、南京、常州、无锡、苏州 10 座城市处于缓慢下降区；杭州、台州、嘉兴、宁波、上海、镇江 6 座城市处于缓慢上升区。

（2）综合指标空间演变分析

① 生态安全综合指数空间演变分析

长江三角洲的生态安全综合指数呈现明显的"南部区域＞北部区域"的空间分布（图 8-11）。2000 年长江三角洲生态安全综合指数最高的是舟山，最低是苏州，其他城市的生态安全综合指数由高到低依次为宁波、绍兴、杭州、台州、南通、上海、南京、镇江、泰州、湖州、无锡、常州、嘉兴、扬州。2014 年长江三角洲生态安全综合指数最高的是湖州，最低的是泰州，其他城市的生态安全综合指数由高到低依次为绍兴、舟山、宁波、杭州、台州、上海、镇江、南京、无锡、嘉兴、南通、常州、苏州、扬州。

生态安全指数演变程度能较好地评估区域当下经济社会建设是否符合生态环境建设，同时也是研究区域未来生态环境能否稳定可持续发展的重要表现特征。

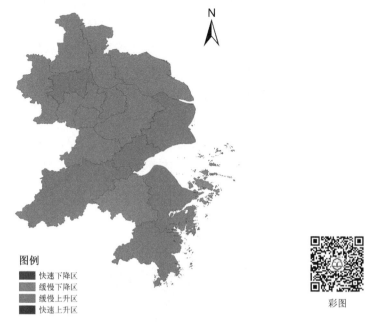

图 8-10　长江三角洲生态安全响应指数演变程度空间分布

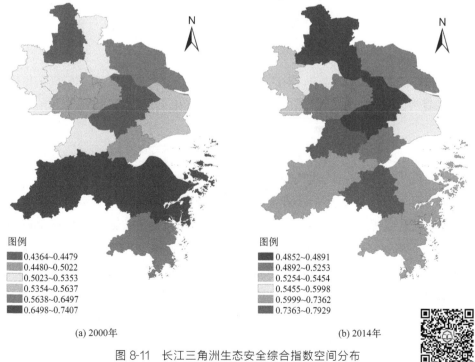

图 8-11　长江三角洲生态安全综合指数空间分布

生态安全指数演变程度可分为缓慢增长、快速增长、缓慢下降、快速下降四种程度。缓慢增长是指区域生态安全指数增长率小于50％；快速增长是指区域生态安全指数增长率大于或等于50％；缓慢下降是指区域生态安全指数下降率小于50％；快速下降是指区域生态安全指数下降率大于或等于50％。

根据长江三角洲生态安全综合指数演变程度空间表达图（图8-12）可知，从2000年到2014年长江三角洲生态安全指数包含三种不同程度的演变趋势，区域内综合安全指数无快速下降区，空间演变趋势总体趋于平稳，表现为"局部缓慢下降，整体增长"的特征。具体表现有：东部的舟山和东北区域的泰州和南通3个城市处于缓慢下降区；湖州位于快速上升区，绍兴、苏州、镇江、嘉兴、扬州、上海、台州、常州、宁波、杭州、无锡、南京位于缓慢上升区。

图例
■ 快速下降区
■ 缓慢下降区
■ 缓慢上升区
■ 快速上升区

彩图

图8-12 长江三角洲生态安全综合指数演变程度空间分布

② 基于生态安全综合指数的生态等级空间演变分析

由长江三角洲生态安全等级空间分布图（图8-13）可知，2000年长江三角洲的生态安全指数在Ⅰ到Ⅳ级之间，其中苏州和扬州位于Ⅰ级，处于极不安全状态；嘉兴、湖州、南京、无锡、常州、镇江、泰州位于Ⅱ级，处于不安全状态；上海、台州、南通位于Ⅲ级，处于临界状态；杭州、宁波、绍兴和舟山位于Ⅳ级，处于较安全状态。2014年，长江三角洲生态安全呈现明显好转趋势，生态安全指数上升为Ⅱ到Ⅴ级之间，具体表现在：嘉兴、南京、无锡、常州、苏州、南通、扬州、泰州位于Ⅱ级，处于不安全状态；上海、镇江位于Ⅲ级，处于临界状态；杭州、宁波、舟山、台州位于Ⅳ级，处于较安全状态；湖州和绍兴位于Ⅴ级，处于安全状态。

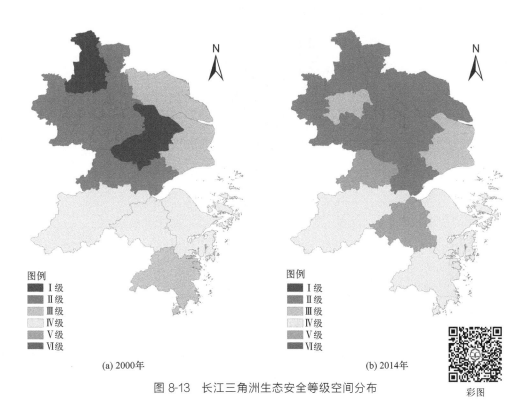

(a) 2000年　　　　　　　　　　(b) 2014年

图 8-13　长江三角洲生态安全等级空间分布

彩图

　　从 2000 年到 2014 年，长江三角洲各城市生态安全等级呈现明显的上升、下降和不变三种演变趋势（图 8-14）。生态安全等级上升的城市为苏州、扬州、镇江、台州、绍兴、湖州 6 座城市；生态安全等级下降的城市是南通；生态安全等级不变的城市为上海、杭州、宁波、嘉兴、舟山、南京、无锡、常州、泰州 9 座城市。生态安全朝上升方向演变的具体表现为：苏州和扬州生态安全等级由Ⅰ级升为Ⅱ级，镇江由Ⅱ级升为Ⅲ级，台州由Ⅲ级升为Ⅳ级，绍兴由Ⅳ级升为Ⅴ级，而湖州变化最为明显，生态安全等级由Ⅱ级上升到了Ⅴ级，生态安全状态由不安全状态上升到了安全状态。生态安全朝下降方向演变的城市为南通，生态安全等级从Ⅲ级下降为Ⅱ级，生态安全状态也由临界状态下降为不安全状态。

　　（3）生态安全重心空间演变分析

　　① 单指标重心空间演变分析

　　由长江三角洲生态安全重心演变过程空间表达图（图 8-15）可知，2000 年到 2014 年长江三角洲单指标重心演变程度差异较大，其中临界安全重心迁移最为显著。具体表现为：临界安全重心向西北方向迁移了 153.1323km，重心坐标从 121°15′48.94″E、30°35′24.73″N（嘉兴平湖市）迁移至 120°28′44.93″E、

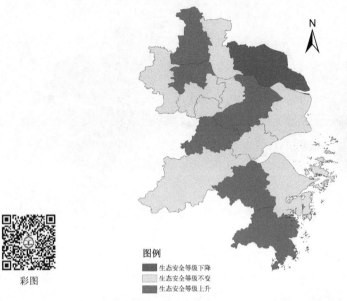

彩图

图 8-14   长江三角洲生态安全等级演变程度空间分布

$31°43'24.11''$N（无锡江阴市）；不安全重心向东北方向迁移了 23.9105km，重心坐标从 $119°53'04.66''$E、$31°41'34.86''$N（常州市武进区）迁移至 $120°04'29.45''$E、$31°47'37.12''$N（常州市天宁区）；较安全重心向东南方向迁移了 41.4810km，重心坐标从 $121°09'43.01''$E、$30°02'42.52''$N（宁波余姚市）迁移至 $120°21'25.52''$E、$29°43'36.75''$N（宁波奉化区）。

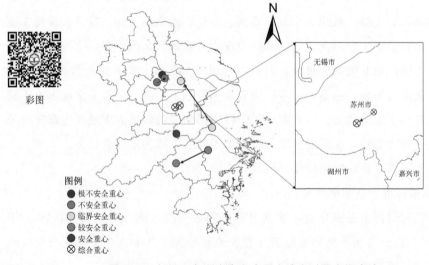

彩图

图 8-15   长江三角洲生态安全重心演变过程空间表达

② 综合指标重心空间演变分析

由长江三角洲生态安全重心演变过程空间表达图（图 8-15）可知，2000 年至 2014 年长江三角洲的生态安全重心集中在中部的苏州内，具体表现为：生态安全重心从 120°27′14.28″E、31°07′45.52″N（苏州吴中区临湖镇）迁移至 120°20′15.07″E、31°04′58.72″N（苏州吴江区太湖新城镇），迁移速度较慢，南北向迁移了 5.5801km，东西向迁移了 5.1482km，总迁移距离为 7.5922km，迁移方向为东南方向。生态安全重心迁移速度慢，迁移距离短说明长江三角洲各城市的生态安全发展较为平衡。未来长江三角洲生态安全重心仍可能处于区域中部，又因长江三角洲生态安全总体趋势呈"南部区域＞北部区域"的空间分布特征，重心未来有向南迁移的趋势。

8.3.3　生态安全性等级评定

根据长江三角洲生态安全指数空间演变特征，可以对长江三角洲生态安全性进行综合评价（表 8-10）。评价依据为：生态安全等级明显下降，且现等级位于Ⅰ到Ⅲ级的城市安全性低；生态安全等级明显下降，且现等级位于Ⅳ到Ⅵ级或生态安全等级未发生改变，且现等级位于Ⅰ到Ⅲ级的城市划为安全性较低；生态安全等级呈明显上升，但现等级处于Ⅲ级或Ⅲ级以下的城市划分为安全性中等；生态安全等级明显上升，且现生态安全等级位于Ⅳ到Ⅵ的城市划分为安全性较高；生态安全等级未发生改变，且现等级位于Ⅲ级以上的城市划分为安全性高。结合长江三角洲生态安全空间演变特征，将长江三角洲城市群的生态安全性划分为以下五种等级，并且由此可以得到基于生态安全综合指数的长江三角洲安全区识别结果，为后续进一步结合长江三角洲生态经济价值和敏感性的再分区提供数据基础。

表 8-10　长江三角洲生态安全分区

生态安全性等级	划分依据	城市
安全性低	生态安全等级明显下降，且现等级位于Ⅲ级或Ⅲ级以下的城市	南通
安全性较低	生态安全等级明显下降,且现等级位于Ⅲ级以上或生态安全等级未发生改变,且现等级位于在Ⅲ级或Ⅲ级以下的城市	上海、嘉兴、南京、无锡、常州、泰州
安全性中等	生态安全等级呈明显上升,但现等级处于Ⅲ级或Ⅲ级以下的城市	苏州、扬州、镇江
安全性较高	生态安全等级明显上升,且现生态安全等级位于Ⅲ级以上的城市	湖州、绍兴、台州
安全性高	生态安全等级未发生改变,且现等级位于Ⅲ级以上的城市	杭州、宁波、舟山

参考文献

[1] 王琦，付梦娣，魏来，等.基于源-汇理论和最小累积阻力模型的城市生态安全格局构建——以安徽省宁国市为例［J］.环境科学学报，2016，36（12）：4546-4554.

[2] 吴未，陈明，范诗薇，等.基于空间扩张互侵过程的土地生态安全动态评价——以（中国）苏锡常地区为例［J］.生态学报，2016，36（22）：7453-7461.

[3] LI J，JIANG W，LIU H，et al. Ecological corridor layout and construction in Cangnan County, Zhejiang Province. ［J］. Journal of Zhejiang A&F University，2014，31（6）：877-884.

[4] LIU J，LI J，LIU H，et al. GIS-based ecological corridor of Shenyang landscape. ［J］. Journal of Shenyang Agricultural University，2012，43（3）：279-283.

[5] ZHU Q，YU K J，LI D H. The width of ecological corridor in landscape planning ［J］. Acta Ecologica Sinica，2005，9：2406-2412.

[6] 李江帆，曾国军.中国第三产业内部结构升级趋势分析［J］.中国工业经济，2003（3）：34-39.

[7] 郑华伟，夏梦蕾，张锐，等.基于熵值法和灰色预测模型的耕地生态安全诊断［J］.水土保持通报，2016，36（3）：284-289.

[8] 左伟，王桥，王文杰，等.区域生态安全评价指标与标准研究［J］.地理学与国土研究，2002，18（1）：67-71.

[9] 孙会荟，高升，曹广喜.快速开发背景下海岛的生态安全评价——以平潭岛为例［J］.应用海洋学学报，2018，37（4）：560-567.

[10] 王宏卫，柴春梅，樊永红，等.基于 DPSIR-TOPSIS 模型的和田连片特困地区生态安全综合评价［J］.甘肃农业大学学报，2016，51（5）：100-106.

[11] 丁道军，何沙.基于 PSR 模型的川西生态脆弱区生态安全评价研究［D］.成都：西南石油大学，2015.

[12] 张金花.深圳城市生态安全评价及预测模型研究［D］.天津：天津师范大学，2008.

[13] 邱高会，广佳.区域生态安全动态评价及趋势预测——以四川省为例［J］.生态经济，2015，31（4）：129-132.

[14] 朱卫红，苗承玉，郑小军，等.基于 3S 技术的图们江流域湿地生态安全评价与预警研究［J］.生态学报，2014，34（6）：1379-1390.

[15] 钟业喜，陆玉麒.鄱阳湖生态经济区人口与经济空间耦合研究［J］.经济地理，2011，31（2）：195-200.

[16] 刘斌涛，陶和平，宋春风，等.基于重心模型的西南山区降雨侵蚀力年内变化分析［J］.农业工程学报，2012，28（21）：113-120.

[17] 彭文君，舒英格.喀斯特山区县域耕地景观生态安全及演变过程［J］.生态学报，

2018，38（3）：852-865.

[18] 禹莎，王祥荣．基于景观格局优化的城市生态带功能布局研究［D］．上海：复旦大学，2009.

[19] 武靓靓．区域生态安全评价研究［J］．陕西水利，2021（4）：224-225＋228.

[20] 詹立坤，李廷真，郭先华．三峡库区典型区域景观格局时空演变与生态安全评价研究［D］．重庆：重庆三峡学院，2021.

[21] 阮君，何刚，王莹莹．基于理想点-未确知测度理论的区域生态安全动态评价［J］．科学技术与工程，2021，21（16）：6951-6957.

[22] 戴文渊，陈年来，李金霞，等．基于SENCE概念框架的区域水生态安全评价研究——以甘肃地区17流段为例［J］．生态学报，2021，41（4）：1332-1340.

[23] 何刚，阮君，赵杨秋，等．基于Lotka-Volterra共生模型的区域生态安全动态评价［J］．安全与环境学报：1-11.

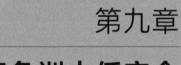

第九章

长江三角洲中低安全
区调控图谱

9.1 中低安全区范围界定

长江三角洲各城市的生态安全水平以及敏感性水平差异较大，较低生态安全水平及较高的生态敏感性不利于该城市未来可持续发展，同时也会降低长江三角洲整体区域的生态健康发展，因此需要重点对于生态安全性低、较低、中等以及生态敏感性较高的区域进行优化调控。根据长江三角洲生态安全性及生态敏感性空间分布特征，对不同等级进行赋值，根据综合赋值指数确定长江三角洲区域内具体调控范围。

生态安全性赋值原则：安全性越高，对应的赋值越大。具体赋值过程为：将安全性高、较高、中等、较低、低的区域分别依次赋值为5、4、3、2和1。生态敏感性赋值原则：敏感性越高，对应的赋值越小。具体赋值过程为：不敏感、轻度敏感、中度敏感、高度敏感和极敏感区分别依次赋值5、4、3、2和1。将生态安全性赋值指数与生态敏感性赋值指数求和得到综合赋值指数。根据生态安全性及敏感性赋值原则，生态安全性越低、敏感性越高的区域的综合赋值指数越低，表明该区域生态安全水平差，需要重点调控；生态安全性越高、敏感度越低的区域综合赋值指数越高，表明该区域生态安全水平越好，暂时不需要对该区域进行调控。根据综合赋值指数划分调控区域依据为：综合赋值指数在2～4属于优先调控区；5～7属于需要调控区；8～10属于不需要调控区。

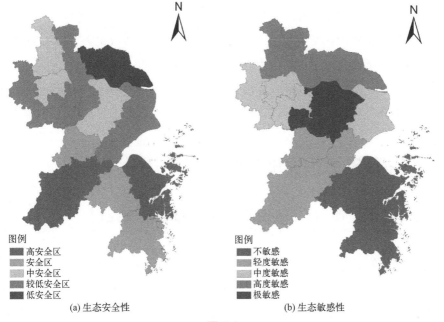

图 9-1

图例
■ 优先调控区
□ 需要调控区
■ 不需要调控区

彩图
(c) 调控区域分类

图 9-1 长江三角洲调控区域范围

　　根据上述调控过程，确定长江三角洲北部区域为最终的中低安全区优化调控区域范围（图 9-1），面积为 73695.65km², 占长江三角洲总面积的 66.51%。其中，位于北部、中部的泰州、无锡、苏州、南通 4 座城市，生态安全性低且敏感性高，生态水平较差需要重点调控；位于上游两侧的南京、扬州、镇江、常州、上海、嘉兴 6 座城市，生态安全性与敏感性均处于中等水平，可以通过优化调控提高区域的生态安全水平；而位于南部区域的湖州、杭州、绍兴、台州、宁波和舟山 6 座城市，生态安全性高且敏感性低，整体生态水平与城市发展可持续性较好，暂时不需要对该区域进行优化调控。

9.2 中低安全区优化调控

9.2.1 基于"源-汇"理论的"生态源地"的判别

　　（1）中低安全区"源"景观识别

　　在"源-汇"理论中，"源"景观指的是能促进生态过程发展的景观类型，是区域内各种自然界能量流、物质流和信息流的核心场所，是物种主要的空间栖息地和交替区。林地是大多数自然生物的栖息地，生物多样性高，是具有相对较高完整性和稳定性的生态系统；草地能在一定程度上延缓生态过程的发展，促进土地污染物的削减，有利于提高区域整体生态安全水平；自然保护区内生存着当地甚至世界范围内都稀有的物种，对于维持地区生态系统健全性有重要意义；较大型水域和重要河流是水生生物主要的栖息场所，对于维持水生生物多样性和整体生态系统稳定性具有不可替代的作用，因此将林地、草地、自然保护区、重要河流及其他水域用地定为"源"景观。

　　调控区域内土地利用主要"源"景观为林地景观和水域景观，林地景观占地面积 2319.468km^2，占调控区总面积的 3.147%；水域景观占地面积 12840.828km^2，占调控区总面积的 17.424%。"源"景观中草地景观占比最小，面积只有 76.608km^2，仅占调控区总面积的 0.104%。林地景观和草地景观主要分布在区域西南方向，河流景观基本分布在调控区四周，具体土地利用"源"景观空间分布如图 9-2。

图例
■ 林地
■ 草地
■ 水域

彩图

图 9-2　土地利用"源"景观空间分布

　　调控区域内分布有 17 个自然保护区，包括 6 个内陆湿地保护区、5 个野生动物保护区、3 个森林生态保护区、1 个市级地质遗迹保护区（江苏省南京雨花台保护区）、1 个省级古生物遗迹保护区（江苏省溧阳市上黄水母山保护区）和 1 个县级海洋海岸保护区（江苏省原海安县海安沿海防护林和滩涂保护区）。6 个内陆湿地保护区中包括有两个国家级保护区（上海崇明东滩鸟类自然保护区、上海浦东新区九段沙湿地保护区）、1 个市级保护区（江苏省宝应县运西保护区）和 3 个县级保护区（江苏省溧阳市天目湖湿地保护区、江苏省高邮市高邮湖湿地保护区、江苏省高邮市高邮绿洋湖保护区）。5 个野生动物保护区中包括有 3 个省级保护区（江苏省启东市启东长江口北支保护区、江苏省镇江丹徒区镇江长江豚类保护区、上海崇明区长江口中华鲟保护区)、1 个市级保护区 (江苏省江都市扬州绿洋湖保护区) 和 1 个县级保护区 (江苏省高淳区固城湖保护区)。3 个森林生态保护区均为省级保护区 (江苏省宜兴市龙池山保护区、江苏省苏州吴中区光福保护区、江苏省句容市宝华山保护区)。调控区域内不同保护区"源"景观空间分布如图 9-3。

调控区域内分布有 11 条重要河流,总长度为 27.611km。具体包括有长江、京杭运河 (里运河)、京杭运河 (江南运河)、通扬运河、新通扬运河、钱塘江、通吕运河、富春江、京杭运河 (梁济运河、湖西航道、不牢河)、淮河以及通榆运河。其中长江跨度最长,为 11.233km;其次为京杭运河 (里运河) 和京杭运河 (江南运河),长度分别为 6.620km 和 3.127km;跨度最短的通榆运河长度为 0.346km。调控区域内重要河流"源"景观空间分布如图 9-3。

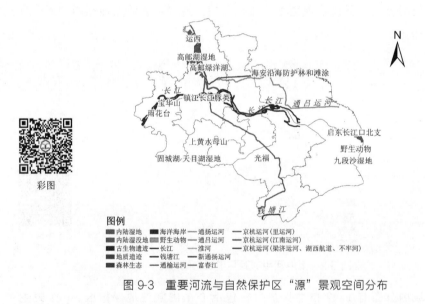

图 9-3   重要河流与自然保护区"源"景观空间分布

(2) 中低安全区"汇"景观识别

在"源-汇"理论中,"汇"景观指的是受人类影响较大的能阻止或延缓生态过程发展的景观类型。耕地受人类干扰较大,有着较强的污染物输出能力;建设用地是受人类干扰最强的土地景观类型;道路建设很大程度上截留和分割了物种的运动空间,不利于物种的迁移和扩散;因此将耕地、建设用地和道路景观作为调控区的"汇"景观。

调控区域内土地利用"汇"景观占地面积远远大于"源"景观占地面积。土地利用"汇"景观总面积为 58220.31km², 占调控区总面积的 79.00%。其中耕

地景观面积为 44122.088km^2，占调控区总面积的 59.87%；建设用地景观面积
为 14098.227km^2，占调控区总面积的 19.13%。大型集中的耕地位于调控区北
部区域，建设用地主要分布在调控区南部区域，具体土地利用"汇"景观空间分
布如图 9-4。

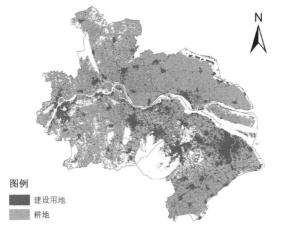

图 9-4　土地利用"汇"景观空间分布

调控区域内有 3665 条主要道路，以二级道路、三级道路和高速公路为主。
主要包括有：一级道路 194 条，二级道路 2046 条，三级道路 597 条，四级道路
56 条，高速公路 772 条，具体道路"汇"景观空间分布如图 9-5。调控区土地利
用呈现"汇远大于源"的景观格局，增大了区域污染的风险；密集的道路网
"汇"景观，限制了物种扩散及能量流通，不利于维持区域生态系统稳定和可持
续发展。

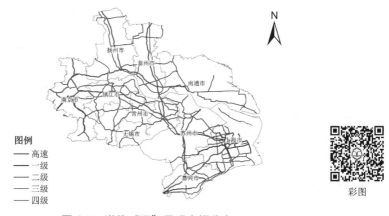

图 9-5　道路"汇"景观空间分布

（3）中低安全区"生态源地"的判定

将面积较大的"源"景观或分布较为集中的"源"景观判定为"生态源地"。在生态"源"景观中，草地景观面积较少且分布较为分散，重要河流景观为线状分布，均无法在该区域内判定"生态源地"。林地景观面积相对较大，且主要集中在区域西南部，将林地景观内面积较大的区域，或者对林地景观相对较集中的区域进行合并，以此判定了10个基于林地景观的"生态源地"。针对面积较大的自然保护区景观判定了4个基于自然保护区的"生态源地"。对水域景观内面积较大的区域或者相对较集中的区域进行合并，判定了6个基于水域景观的"生态源地"。对基于林地景观、自然保护区景观和水域景观判定的20个"生态源地"进行叠加，对重复判定的生态源地区域进行删减，对相邻区域的生态源地进行合并，最终判定了17个"生态源地"（图9-6）。

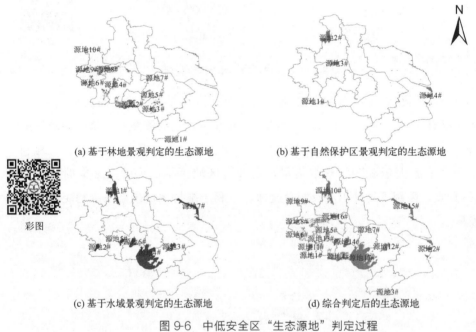

(a) 基于林地景观判定的生态源地　　(b) 基于自然保护区景观判定的生态源地

彩图

(c) 基于水域景观判定的生态源地　　(d) 综合判定后的生态源地

图9-6　中低安全区"生态源地"判定过程

不同的景观类型在生态系统中的经济价值不同，可以通过生态服务经济价值量来评估。通过长江三角洲区域生态系统不同景观类型单位面积生态服务经济价值可以计算出不同"生态源地"的单项生态服务经济价值，对单项生态服务经济价值求和即可得到各个"生态源地"的总的生态服务经济价值。表9-1为各生态源地的单项生态服务经济价值及生态服务经济总价值，图9-7为各生态源地生态服务经济价值空间分布情况。

表 9-1　各生态源地的生态服务经济价值　　　　单位：亿元

生态源地	气体调节	气候调节	水源涵养	土壤形成与保护	废物处理	生物多样性保护	食物生产	原材料	娱乐文化	生态服务经济价值
1#	0.00	0.01	0.38	0.00	0.34	0.05	0.00	0.00	0.08	0.86
2#	0.00	0.24	10.48	0.01	9.35	1.28	0.05	0.01	2.23	23.63
3#	904.68	697.90	827.14	1008.08	338.61	842.65	25.85	672.05	330.86	5647.81
4#	19040.40	14688.28	17408.34	21216.46	7126.52	17734.75	544.00	14144.28	6963.35	118866.52
5#	6407.24	4942.72	5858.04	7139.50	2398.13	5967.88	183.06	4759.66	2343.22	39999.51
6#	3271.60	2523.80	2991.17	3645.50	1224.51	3047.26	93.47	2430.33	1196.47	20424.13
7#	792.52	611.37	724.59	883.10	296.63	738.18	22.64	588.73	289.84	4947.61
8#	2797.49	2158.06	2557.70	3117.20	1047.06	2605.66	79.93	2078.13	1023.08	17464.32
9#	640.87	494.39	585.94	714.12	239.87	596.93	18.31	476.08	234.38	4000.89
10#	0.00	3745.84	165955.55	81.45	148040.86	20276.20	814.29	81.43	35340.89	374336.54
11#	0.00	494.02	21887.11	10.74	19524.42	2674.13	107.39	10.74	4660.95	49369.51
12#	0.00	737.14	32658.34	16.03	29132.91	3990.15	160.24	16.02	6954.72	73665.56
13#	0.00	456.91	20242.75	9.93	18057.57	2473.23	99.32	9.93	4310.77	45660.43
14#	0.00	886.12	39258.65	19.27	35020.73	4796.56	192.63	19.26	8360.29	88553.51
15#	0.00	4437.37	196593.31	96.49	175371.31	24019.48	964.61	96.46	41865.33	443444.37
16#	10620.83	8193.22	9711.36	11834.65	3976.02	9892.64	303.45	7889.75	3884.38	66306.37
17#	5604.39	12689.28	375766.83	6426.80	332730.04	50504.67	1978.73	4345.11	80979.47	871025.40

图例
小于10000
10000~100000
大于100000

彩图

图 9-7　各生态源地生态服务经济价值空间分布

　　将各生态源地生态服务经济总价值与生态源地的地理位置、面积大小和景观类型相结合，对生态源地进行不同等级的分类划分。将面积较大的且生态服务经济价值大于 100000 亿元的生态源地以及属于国家级的重点自然保护区的生态源地划分为一级源地；将面积较小的且生态价值小于 10000 亿元的生态源地划分为三级源地；其他源地划分为二级源地。根据该划分原则，将 17 个生态源地划分为 5 个一级生态源地、8 个二级生态源地以及 4 个三级生态源地，具体划分依据见表 9-2。一级生态源地基本分布在调控区四周，二级生态源地大多分布在调控区域内部，面积较小的三级源地主要分散在调控区西部和南部的周边区域，不同等级生态源地的空间分布情况见图 9-8。

表 9-2　生态源地等级划分

生态源地	生态服务经济价值/亿元	面积/km²	景观类型	地理位置	所属等级
1#	小于 10000	2420.00	县级自然保护区	周边	三级源地
2#	小于 10000	66175.00	国家级自然保护区	周边	一级源地
3#	小于 10000	33274253.51	林地	周边	三级源地
4#	大于 100000	700305630.22	林地	周边	一级源地
5#	10000～100000	235658329.95	林地	中部	二级源地
6#	10000～100000	120329366.97	林地	周边	二级源地
7#	小于 10000	29148977.01	林地	中部	三级源地
8#	10000～100000	102891571.63	林地	周边	二级源地
9#	小于 10000	23571343.15	林地	周边	三级源地
10#	大于 100000	1048255765.29	水域	周边	一级源地
11#	10000～100000	138249582.51	水域	周边	二级源地
12#	10000～100000	206285905.29	水域	中部	二级源地
13#	10000～100000	127863040.50	水域	中部	二级源地
14#	10000～100000	247976668.02	水域	中部	二级源地
15#	大于 100000	1241778655.05	水域	中部	一级源地
16#	10000～100000	390639652.96	林地、省级自然保护区	中部	二级源地
17#	大于 100000	2547289076.22	林地、水域	周边	一级源地

9.2.2　基于 MCR 模型的中低安全区生态廊道的构建

（1）MCR 模型构建潜在生态廊道

最小累积阻力模型（MCR）可以对研究范围的所有阻力因子进行阻力赋值，

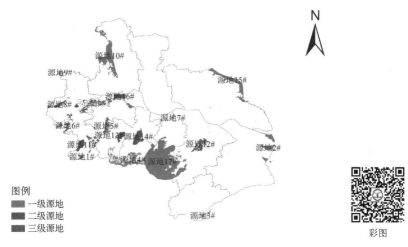

图 9-8　不同等级生态源地的空间分布

通过更加定量的方法科学计算最小阻力路径，即潜在生态廊道。运用该模型，通过 GIS 软件中的 Spatial Analyst 工具分析研究区域内的阻力成本面和阻力成本距离，最终取得研究区内的所有潜在生态廊道。

① 阻力因子赋值

对阻力因子进行赋值是构建生态廊道的基础，各源地之间阻力因子最小的路径即为生态廊道。研究区的"源"景观，能够促进生态过程的发展，有利于生态环境的可持续，其阻力值较低，而研究区内的"汇"景观，对生态过程的发展起到阻止或者延缓的作用，其阻力值相对较大。参考其他学者的研究并咨询相关专家的建议，最终确定研究区内的各阻力因子的阻力值。"源"景观中的林地、草地、自然保护区、重要河流及其他水域用地分别赋值为 5、30、5、80 和 50。"汇"景观中的耕地、建设用地和道路 20m 缓冲区分别赋值 100、200 和 200。具体赋值见表 9-3。

表 9-3　阻力因子赋值表

阻力因子	阻力值	阻力因子	阻力值
林地	5	主要河流	80
自然保护区	5	耕地	100
未利用地	20	建设用地	200
草地	30	主要道路 20m 缓冲区	200
其他水域	50		

② 阻力成本面的构建

阻力赋值后的各景观数据为矢量数据，要将各景观数据放在同一图层进行处理，必须对其进行栅格化并合并。通过 GIS 软件中的 Conversion 工具，可以将景观矢量数据中的阻力值进行栅格化处理，得到 100×100 的各景观栅格数据，再通过 Date Management 工具中对各景观栅格数据进行 Mosaic To New Raster 处理，使各景观栅格数据合并在一个图层上，即生成阻力成本面。阻力成本面是后续计算阻力成本距离和成本回溯链接的数据基础。各景观的阻力值栅格化结果及镶嵌至新栅格后的阻力面见图 9-9。

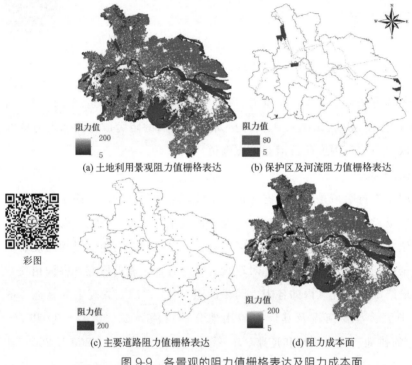

图 9-9　各景观的阻力值栅格表达及阻力成本面

③ 阻力成本距离及阻力成本回溯链接的构建

以源地为中心，源地以外其他区域（每个单元）到源地的最小累积成本距离即为阻力成本距离。一般情况下，距离源地越远，累积成本越大。阻力成本回溯链接指的是在最近源的最小累积成本路径上的下一单元的相邻点。分别计算每个源的阻力成本距离及阻力成本回溯链接是得到最小累积成本路径的基础。运用 GIS 软件 Distance 工具中的 Cost Distance 和 Cost Back Link 分析工具绘制 17 个生态源地的阻力成本距离（图 9-10）及阻力成本回溯链接（图 9-11）。由图 9-11 可知，距离"源"越远，其阻力成本距离值越高。

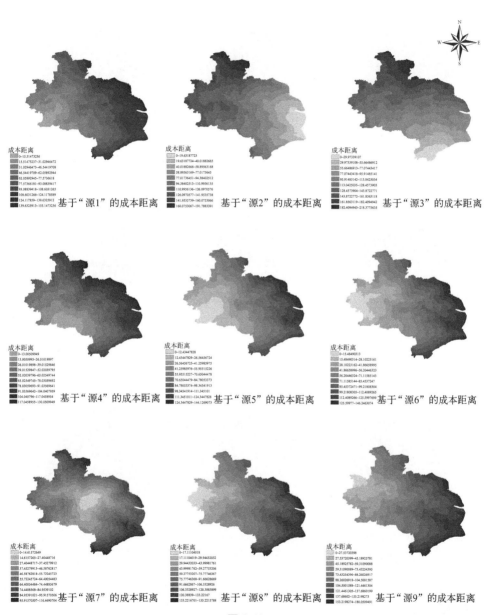

图 9-10

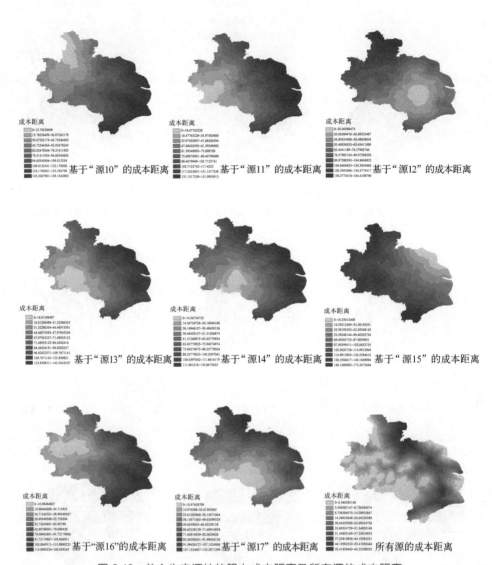

图 9-10   单个生态源地的阻力成本距离及所有源的成本距离

彩图

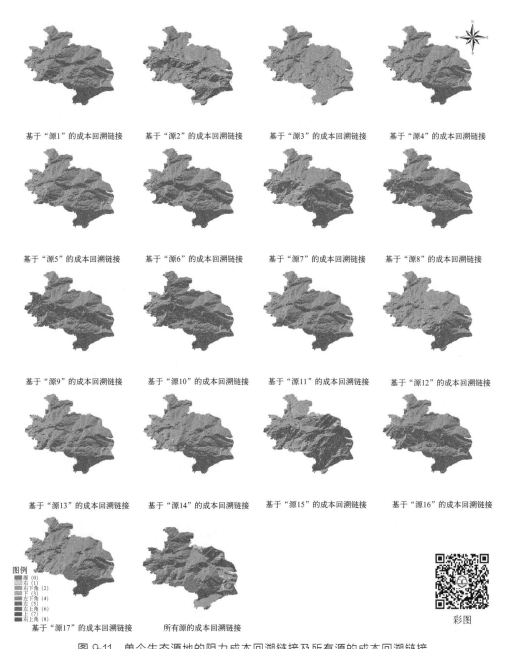

图 9-11　单个生态源地的阻力成本回溯链接及所有源的成本回溯链接

④ 潜在生态廊道的构建

潜在生态廊道可以由最小成本路径计算得到，指的是从源到目标的最小成本路径，即以单个生态源地为"源"，其他生态源地为"目标"的最小阻力路径。根据该原理，可以运用 GIS 软件 Distance 工具中的 Cost Path 分析工具，在各生态源地的阻力成本距离和阻力成本回溯链接数据基础上，分别绘制 17 个源地之间的最小成本路径。为了更加直观地查看源地间的最小成本路径方向和统计路径的数量，需要运用 GIS 软件中的 Conversion 工具将成本路径栅格数据转换为矢量线状数据，并在此基础上对同一路径中的复杂较小分支进行适当合理的删减处理，最终得到各源地较为清晰的最小成本矢量路径，即潜在生态廊道（图 9-12）。

通过 GIS 软件中的 Attribute Table 统计基于各源地的最小成本路径数量。基于"源 1"有 448 条；基于"源 2"有 936 条；基于"源 3"有 1134 条；基于"源 4"有 453 条；基于"源 5"有 474 条；基于"源 6"有 1202 条；基于"源 7"有 1196 条；基于"源 8"有 1279 条；基于"源 9"有 1483 条；基于"源 10"有 1334 条；基于"源 11"有 411 条；基于"源 12"有 500 条；基于"源 13"有 463 条；基于"源 14"有 564 条；基于"源 15"有 1062 条；基于"源 16"有

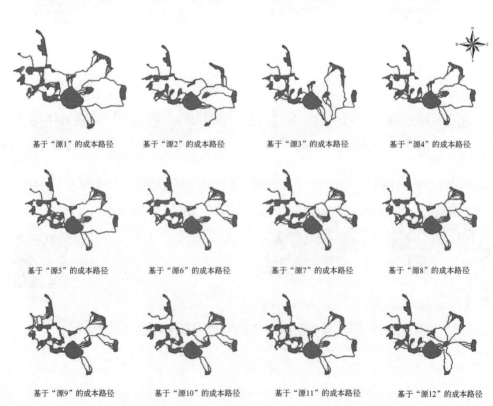

基于"源1"的成本路径　　基于"源2"的成本路径　　基于"源3"的成本路径　　基于"源4"的成本路径

基于"源5"的成本路径　　基于"源6"的成本路径　　基于"源7"的成本路径　　基于"源8"的成本路径

基于"源9"的成本路径　　基于"源10"的成本路径　　基于"源11"的成本路径　　基于"源12"的成本路径

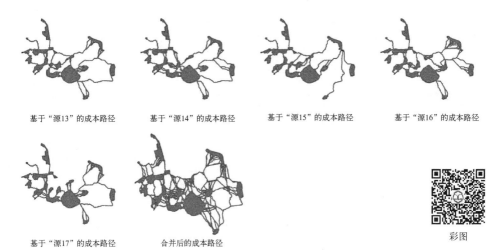

| 基于"源13"的成本路径 | 基于"源14"的成本路径 | 基于"源15"的成本路径 | 基于"源16"的成本路径 |

基于"源17"的成本路径　　合并后的成本路径

彩图

图 9-12　各生态源地的最小成本路径矢量图

1333 条；基于"源 17"有 400 条；合并后的最小成本路径共有 14672 条。

（2）重力模型提取重要生态廊道

① 基于重力模型构建各生态源地相互作用矩阵

根据重力模型，可以得到源地之间相互作用矩阵（表 9-4），即由此可以分辨出源地之间相互关联性的强弱，进而可以判断源地之间的廊道在研究区域内部对于整个生态系统的重要程度。矩阵系数越大，则两源地之间的相互作用越强，即关联性越高。关联性高的源地之间物质能量的交流和传播更为简单，因此对其之间的生态廊道更加需要合理建设和重点保护。

表 9-4　各生态源地相互作用矩阵

源地编号	1	2	3	4	5	6	7	8	9	10	11	12	13	14	15	16	17
1	0.00	4.03	6.28	9.67	9.15	6.75	6.23	6.29	6.16	0.71	2.24	0.69	0.89	0.92	0.76	4.70	0.93
2	4.03	0.00	11.71	10.52	9.96	9.61	11.63	8.96	8.24	1.01	0.97	1.32	0.98	1.01	1.10	4.39	1.02
3	6.28	11.71	0.00	16.42	15.54	15.00	18.14	13.98	12.86	1.57	1.51	2.06	1.53	1.58	1.69	7.97	1.61
4	9.67	10.52	16.42	0.00	60.16	23.09	16.55	16.44	15.13	1.85	2.33	1.84	5.82	2.44	1.87	12.28	2.49
5	9.15	9.96	15.54	60.16	0.00	21.86	15.67	15.56	14.32	1.75	2.24	1.72	5.36	2.27	1.77	11.83	2.31
6	6.75	9.61	15.00	23.09	21.86	0.00	14.89	15.25	14.03	1.55	2.13	1.66	2.12	2.19	1.70	11.42	2.23
7	6.23	11.63	18.14	16.55	15.67	14.89	0.00	13.87	13.09	1.75	1.68	2.25	1.70	1.76	1.91	8.34	1.79
8	6.29	8.96	13.98	16.44	15.56	15.25	13.87	0.00	47.99	2.10	1.51	1.55	1.51	1.56	1.69	8.11	1.59
9	6.16	8.24	12.86	15.13	14.32	14.03	13.09	47.99	0.00	1.93	1.39	1.30	1.27	1.31	1.42	6.72	1.34

续表

源地编号	1	2	3	4	5	6	7	8	9	10	11	12	13	14	15	16	17
10	0.71	1.01	1.57	1.85	1.75	1.55	1.75	2.10	1.93	0.00	0.16	0.17	0.17	0.18	0.19	0.91	0.18
11	2.24	0.97	1.51	2.33	2.24	2.13	1.68	1.51	1.39	0.16	0.00	0.17	0.21	0.22	0.17	1.48	0.22
12	0.69	1.32	2.06	1.84	1.72	1.66	2.25	1.55	1.30	0.17	0.17	0.00	0.15	0.16	0.18	0.88	0.18
13	0.89	0.98	1.53	5.82	5.36	2.12	1.70	1.51	1.27	0.17	0.21	0.15	0.00	0.22	0.17	1.13	0.23
14	0.92	1.01	1.58	2.44	2.27	2.19	1.76	1.56	1.31	0.22	0.16	0.22	0.22	0.00	0.18	0.90	0.24
15	0.76	1.10	1.69	1.87	1.77	1.70	1.91	1.69	1.42	0.19	0.17	0.18	0.17	0.18	0.00	0.83	0.18
16	4.70	4.39	7.97	12.28	11.83	11.42	8.34	8.11	6.72	0.91	1.48	0.88	1.13	0.90	0.83	0.00	0.85
17	0.93	1.02	1.61	2.49	2.31	2.23	1.79	1.59	1.34	0.18	0.22	0.18	0.23	0.24	0.18	0.85	0.00

重力模型：

$$G_{ab}=\frac{N_aN_b}{D_{ab}^2}=\frac{\left[\dfrac{1}{P_a}\times\ln S_a\right]\left[\dfrac{1}{P_b}\times\ln S_b\right]}{(L_{ab}/L_{\max})^2}=\frac{L_{\max}^2\ln S_a\ln S_b}{L_{ab}^2P_aP_b}$$

式中，G_{ab} 为生态斑块 a 与 b 之间的相互作用；N_a/N_b 为斑块 a/b 的权重值；D_{ab} 为 a 与 b 之间潜在廊道阻力的标准化值；P_a 为斑块 a 的阻力值；S_a 为斑块 a 的面积；L_{ab} 为斑块 a 与 b 之间廊道的累积阻力值；$L_{\max}$ 为研究区内廊道累积阻力最大值。

由表9-4可知，研究区域内，源地4和源地5之间的相互作用系数最高，达到了60.16，其次为源地8与源地9，相互作用系数为47.99。表明源地4与源地5、源地8与源地9之间的关联性很高，物种在两源地之间的迁移阻力较小，物质和能量在其间的交换较为频繁，因此对于源地4与源地5之间的生态廊道以及源地8与源地9之间的生态廊道需要重点保护。源地4与源地6、源地5与源地6之间的相互作用系数分别为23.09和21.86，在所有源地间相互作用矩阵系数中也相对较高，因此位于该源地之间的生态廊道需要加强保护。源地2与源地3、源地4、源地7，源地3与源地4、源地5、源地6、源地7、源地8、源地9，源地4与源地7、源地8、源地9、源地16，源地5与源地7、源地8、源地9、源地16，源地6与源地7、源地8、源地9、源地16，源地7与源地8、源地9之间的相互作用系数在10到20之间，对于位于该源地之间的生态廊道也需要相应的保护。其他源地之间的相互作用系数均小于10，说明在这些源地之间，物种较难克服阻力进行迁移，两源地之间较少进行物质能量的交换和流通，对于位于该源地之间的生态廊道，做到合理的保护即可。

② 重要生态廊道的识别

根据重力模型下的源地之间相互作用强弱分析结果以及生态源地等级对源地间的生态廊道进行重要度识别，并根据重要性将生态廊道划分等级。具体划分原则为：等级均为一级或相互作用系数大于 40 的两源地之间的生态廊道划分为一级廊道；等级为一级和二级或相互作用系数在 20～40 的两源地之间的生态廊道划分为二级廊道；等级均为二级或相互作用系数在 10～20 的两源地之间的生态廊道划分为三级廊道；其他源地间的生态廊道划分为四级。按照该原则，各源地之间的生态廊道等级划分结果如表 9-5。

表 9-5　源地之间生态廊道等级划分

源地编号	源地等级	源地相互作用强度	生态廊道等级	源地编号	源地等级	源地相互作用强度	生态廊道等级
1&2	三 & 一	小于 10	四级	2&9	一 & 三	小于 10	四级
1&3	三 & 三	小于 10	四级	2&10	一 & 一	小于 10	一级
1&4	三 & 二	小于 10	四级	2&11	一 & 二	小于 10	二级
1&5	三 & 二	小于 10	四级	2&12	一 & 二	小于 10	二级
1&6	三 & 二	小于 10	四级	2&13	一 & 二	小于 10	二级
1&7	三 & 二	小于 10	四级	2&14	一 & 二	小于 10	二级
1&8	三 & 二	小于 10	四级	2&15	一 & 二	小于 10	二级
1&9	三 & 三	小于 10	四级	2&16	一 & 二	小于 10	二级
1&10	三 & 一	小于 10	四级	2&17	一 & 一	小于 10	一级
1&11	三 & 二	小于 10	四级	3&4	三 & 一	10～20	三级
1&12	三 & 二	小于 10	四级	3&5	三 & 二	10～20	三级
1&13	三 & 二	小于 10	四级	3&6	三 & 二	10～20	三级
1&14	三 & 二	小于 10	四级	3&7	三 & 二	10～20	三级
1&15	三 & 一	小于 10	四级	3&8	三 & 二	10～20	三级
1&16	三 & 二	小于 10	四级	3&9	三 & 三	10～20	三级
1&17	三 & 一	小于 10	四级	3&10	三 & 一	小于 10	四级
2&3	一 & 三	10～20	三级	3&11	三 & 二	小于 10	四级
2&4	一 & 一	10～20	一级	3&12	三 & 二	小于 10	四级
2&5	一 & 二	小于 10	二级	3&13	三 & 二	小于 10	四级
2&6	一 & 二	小于 10	二级	3&14	三 & 二	小于 10	四级
2&7	一 & 三	10～20	三级	3&15	三 & 一	小于 10	四级
2&8	一 & 二	小于 10	二级	3&16	三 & 二	小于 10	四级

源地编号	源地等级	源地相互作用强度	生态廊道等级	源地编号	源地等级	源地相互作用强度	生态廊道等级
3&17	三 & 一	小于10	四级	6&14	二 & 二	小于10	三级
4&5	一 & 二	大于40	一级	6&15	二 & 一	小于10	二级
4&6	一 & 二	20～40	二级	6&16	二 & 二	10～20	三级
4&7	一 & 三	10～20	三级	6&17	二 & 二	小于10	二级
4&8	一 & 二	10～20	三级	7&8	三 & 二	10～20	三级
4&9	一 & 二	10～20	三级	7&9	三 & 三	10～20	三级
4&10	一 & 一	小于10	一级	7&10	三 & 一	小于10	四级
4&11	一 & 二	小于10	二级	7&11	三 & 二	小于10	四级
4&12	一 & 二	小于10	二级	7&12	三 & 二	小于10	四级
4&13	一 & 二	小于10	二级	7&13	三 & 二	小于10	四级
4&14	一 & 二	小于10	二级	7&14	三 & 二	小于10	四级
4&15	一 & 一	小于10	一级	7&15	三 & 一	小于10	四级
4&16	一 & 二	10～20	二级	7&16	三 & 二	小于10	四级
4&17	一 & 一	小于10	一级	7&17	三 & 一	小于10	四级
5&6	二 & 二	20～40	二级	8&9	二 & 三	大于40	一级
5&7	二 & 三	10～20	三级	8&10	二 & 一	小于10	二级
5&8	二 & 二	10～20	三级	8&11	二 & 二	小于10	三级
5&9	二 & 三	10～20	三级	8&12	二 & 二	小于10	三级
5&10	二 & 一	小于10	二级	8&13	二 & 二	小于10	三级
5&11	二 & 二	小于10	三级	8&14	二 & 二	小于10	三级
5&12	二 & 二	小于10	三级	8&15	二 & 一	小于10	二级
5&13	二 & 二	小于10	三级	8&16	二 & 二	小于10	三级
5&14	二 & 二	小于10	三级	8&17	二 & 二	小于10	二级
5&15	二 & 一	小于10	二级	9&10	三 & 一	小于10	四级
5&16	二 & 二	10～20	三级	9&11	三 & 二	小于10	四级
5&17	二 & 一	小于10	二级	9&12	三 & 二	小于10	四级
6&7	二 & 三	10～20	三级	9&13	三 & 二	小于10	四级
6&8	二 & 二	10～20	三级	9&14	三 & 二	小于10	四级
6&9	二 & 三	10～20	三级	9&15	三 & 二	小于10	四级
6&10	二 & 一	小于10	二级	9&16	三 & 二	小于10	四级
6&11	二 & 二	小于10	三级	9&17	三 & 二	小于10	四级
6&12	二 & 二	小于10	三级	10&11	一 & 二	小于10	二级
6&13	二 & 二	小于10	三级	10&12	一 & 二	小于10	二级

源地编号	源地等级	源地相互作用强度	生态廊道等级	源地编号	源地等级	源地相互作用强度	生态廊道等级
10&13	一 & 二	小于10	二级	12&15	二 & 一	小于10	二级
10&14	一 & 二	小于10	二级	12&16	二 & 二	小于10	三级
10&15	一 & 一	小于10	一级	12&17	二 & 一	小于10	二级
10&16	一 & 二	小于10	二级	13&14	二 & 二	小于10	三级
10&17	一 & 一	小于10	一级	13&15	二 & 一	小于10	二级
11&12	二 & 二	小于10	三级	13&16	二 & 二	小于10	三级
11&13	二 & 二	小于10	三级	13&17	二 & 一	小于10	二级
11&14	二 & 二	小于10	三级	14&15	二 & 一	小于10	二级
11&15	二 & 一	小于10	二级	14&16	二 & 二	小于10	三级
11&16	二 & 二	小于10	三级	14&17	二 & 一	小于10	二级
11&17	二 & 一	小于10	二级	15&16	一 & 二	小于10	二级
12&13	二 & 二	小于10	三级	15&17	一 & 一	小于10	一级
12&14	二 & 二	小于10	三级	16&17	二 & 一	小于10	二级

如表 9-5，有 12 组生态源地之间的廊道属于一级生态廊道，39 组生态源地之间的廊道属于二级生态廊道，44 组生态源地之间的廊道属于三级生态廊道，41 组生态源地之间的廊道属于四级生态廊道。具体表现在：源地 2&4、2&10、2&15、2&17、4&5、4&10、4&15、4&17、8&9、10&15、10&17、15&17 之间的廊道为一级廊道；源地 2&5、2&6、2&8、2&11、2&12、2&13、2&14、2&16、4&6、4&11、4&12、4&13、4&14、4&16、5&6、5&10、5&15、5&17、6&10、6&15、6&17、8&10、8&15、8&17、10&11、10&12、10&13、10&14、10&16、11&15、11&17、12&15、12&17、13&15、13&17、14&15、14&17、15&16、16&17 之间廊道为二级廊道；源地 2&3、2&7、3&4、3&5、3&6、3&7、3&8、3&9、4&7、4&8、4&9、5&7、5&8、5&9、5&11、5&12、5&13、5&14、5&16、6&7、6&8、6&9、6&11、6&12、6&13、6&14、6&16、7&8、7&9、8&11、8&12、8&13、8&14、8&16、11&12、11&13、11&14、11&16、12&13、12&14、12&16、13&14、13&16、14&16 之间的廊道为三级廊道；源地 1&2、1&3、1&4、1&5、1&6、1&7、1&8、1&9、1&10、1&11、1&12、1&13、1&14、1&15、1&16、1&17、2&9、3&10、3&11、3&12、3&13、3&14、3&15、3&16、3&17、7&10、7&11、7&12、7&13、

7&14、7&15、7&16、7&17、9&10、9&11、9&12、9&13、9&14、9&15、9&16、9&17之间的廊道为四级廊道。

源地与源地之间有较多重合相似的廊道，且对于跨源地的两源地之间可以通过中间源地进行高效连接，有利于减少廊道成本并且能够加强区域源地间的合作。如源地2与源地4、源地2与源地17、源地4与源地17之间的廊道均属于一级廊道，为减少廊道建设成本，源地2与源地4之间的廊道可以删除，两源地之间可以通过源地2与源地17以及源地17与源地4之间的两条重要廊道连接。按照该原理，最终确定33条不同等级的生态廊道，其中一级生态廊道7条，二级生态廊道14条，三级生态廊道8条以及四级生态廊道4条，不同等级生态廊道的具体空间分布见图9-13。

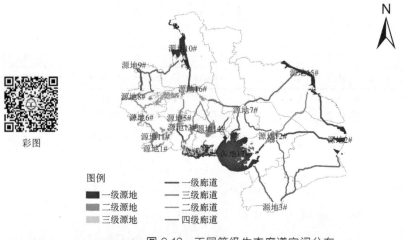

图 9-13   不同等级生态廊道空间分布

③ 生态廊道宽度的确定

上述生态廊道实际是由MCR模型构建的最小阻力路径，本质是一种表达路径的概念网络，要想发挥生态廊道的生态服务功能就必须对廊道设定宽度。生态廊道宽度的设定，是构建生态廊道的关键。运用GIS软件中的分析工具进行15m、30m、60m、100m、200m、300m、600m、700m、800m、1000m及1500m宽度的缓冲分析，再统计不同宽度缓冲区内土地利用"源、汇"景观面积数据，根据各景观面积在不同宽度缓冲下的变化情况，以及"促进'源'发展、减缓'汇'发展"和"尽量降低成本"的两大原则，选取生态廊道的最佳宽度。表9-6为各等级生态廊道在不同宽度缓冲区内土地利用"源、汇"景观统计情况。

表9-6　各等级生态廊道在不同宽度缓冲区内的景观类型统计

		一级生态廊道缓冲结果										
土地利用 景观类型		林地		草地		水域		耕地		建设用地		未利用地	
		面积 /km²	占比 /%	面积 /km²	占比 /%	面积 /km²	占比 /%	面积 /km²	占比 /%	面积 /km²	占比 /%	面积 /km²	占比 /%
廊道宽度 /m	15	11.45	0.09	0.00	0.00	2934.90	22.20	9692.45	73.30	583.16	4.41	0.49	0.00
	30	11.45	0.09	0.00	0.00	2934.90	22.19	9692.78	73.30	584.19	4.42	0.49	0.00
	60	11.45	0.09	0.00	0.00	2934.90	22.19	9693.85	73.29	585.39	4.43	0.49	0.00
	100	11.58	0.09	0.00	0.00	2934.92	22.19	9694.02	73.29	585.97	4.43	0.49	0.00
	200	11.64	0.05	0.00	0.00	2935.44	12.78	9698.91	42.23	623.71	2.72	9698.91	42.23
	300	231.63	1.70	0.00	0.00	2937.74	21.52	9699.44	71.05	781.44	5.72	0.49	0.00
	600	231.63	1.69	0.00	0.00	2955.19	21.54	9703.13	70.73	828.98	6.04	0.49	0.00
	700	231.63	1.44	0.00	0.00	5304.23	32.95	9725.50	60.41	838.25	5.21	0.49	0.00
	800	247.33	1.53	0.00	0.00	5311.41	32.93	9731.19	60.33	840.30	5.21	0.49	0.00
	1000	252.74	1.55	0.00	0.00	5425.59	33.34	9745.57	59.89	847.17	5.21	0.49	0.00
	1500	254.12	1.55	0.00	0.00	5460.81	33.31	9763.46	59.55	916.64	5.59	0.49	0.00
		二级生态廊道缓冲结果										
土地利用 景观类型		林地		草地		水域		耕地		建设用地		未利用地	
		面积 /km²	占比 /%	面积 /km²	占比 /%	面积 /km²	占比 /%	面积 /km²	占比 /%	面积 /km²	占比 /%	面积 /km²	占比 /%
廊道宽度 /m	15	123.78	0.89	0.41	0.00	2985.75	21.39	10158.78	72.78	657.74	4.71	31.16	0.22
	30	123.78	0.89	1.18	0.01	2986.10	21.39	10159.82	72.77	659.52	4.72	31.16	0.22
	60	123.78	0.87	1.18	0.01	2986.10	20.91	10470.86	73.33	666.62	4.67	31.16	0.22
	100	144.68	0.95	1.18	0.01	2986.12	19.71	11293.12	74.53	696.12	4.59	31.16	0.21
	200	144.68	0.95	1.18	0.01	2991.05	19.71	11298.43	74.44	710.70	4.68	31.16	0.21
	300	146.79	0.96	1.18	0.01	3100.67	20.26	11303.37	73.85	723.69	4.73	31.16	0.20
	600	148.56	0.96	1.52	0.01	3137.35	20.24	11418.91	73.67	761.51	4.91	31.50	0.20
	700	149.09	0.96	1.52	0.01	3176.22	20.41	11426.47	73.42	777.77	5.00	31.50	0.20
	800	150.67	0.97	1.52	0.01	3186.19	20.43	11430.71	73.30	793.90	5.09	32.15	0.21
	1000	153.29	0.85	1.52	0.01	5531.18	30.70	11437.75	63.49	860.01	4.77	32.15	0.18
	1500	165.89	0.88	2.06	0.01	6177.98	32.78	11513.42	61.09	953.57	5.06	32.92	0.17

续表

三级生态廊道缓冲结果												
土地利用景观类型		林地		草地		水域		耕地		建设用地		未利用地	
		面积/km²	占比/%	面积/km²	占比/%	面积/km²	占比/%	面积/km²	占比/%	面积/km²	占比/%	面积/km²	占比/%
廊道宽度/m	15	37.25	0.12	1.18	0.00	3076.74	9.75	27454.13	86.97	982.56	3.11	14.14	0.04
	30	37.39	0.12	1.18	0.00	3076.92	9.70	27458.05	86.56	1134.16	3.58	14.14	0.04
	60	37.57	0.12	1.25	0.00	3077.06	9.60	27507.49	85.80	1421.05	4.43	14.14	0.04
	100	37.62	0.12	1.49	0.00	3077.28	9.59	27521.84	85.76	1438.35	4.48	14.14	0.04
	200	37.82	0.12	1.49	0.00	3081.01	9.55	27599.19	85.59	1513.20	4.69	14.14	0.04
	300	47.43	0.15	1.59	0.00	3111.52	9.63	27619.41	85.46	1523.31	4.71	14.14	0.04
	600	51.53	0.16	2.56	0.01	3126.90	9.64	27637.39	85.24	1590.69	4.91	14.14	0.04
	700	51.66	0.16	2.56	0.01	3128.02	9.63	27639.22	85.09	1648.43	5.07	14.14	0.04
	800	52.65	0.16	2.60	0.01	3128.50	9.62	27639.91	84.97	1691.26	5.20	14.44	0.04
	1000	53.72	0.16	2.95	0.01	3134.76	9.62	27646.43	84.88	1718.21	5.27	17.03	0.05
	1500	65.03	0.20	4.56	0.01	3223.05	9.78	27735.84	84.15	1914.35	5.81	17.03	0.05

四级生态廊道缓冲结果												
土地利用景观类型		林地		草地		水域		耕地		建设用地		未利用地	
		面积/km²	占比/%	面积/km²	占比/%	面积/km²	占比/%	面积/km²	占比/%	面积/km²	占比/%	面积/km²	占比/%
廊道宽度/m	15	23.46	0.15	0.00	0.00	3066.87	19.85	11892.67	76.98	463.22	3.00	3.75	0.02
	30	23.46	0.15	0.00	0.00	3070.17	19.40	11893.21	75.14	837.93	5.29	3.75	0.02
	60	23.77	0.15	0.00	0.00	3070.25	19.37	11895.35	75.03	860.13	5.43	3.75	0.02
	100	23.77	0.15	0.00	0.00	3070.30	19.35	11898.28	74.97	874.46	5.51	3.75	0.02
	200	25.13	0.16	0.00	0.00	3071.05	19.32	11902.01	74.89	890.15	5.60	3.75	0.02
	300	31.42	0.20	0.00	0.00	3072.48	19.26	11949.91	74.89	899.03	5.63	3.75	0.02
	600	32.03	0.20	0.00	0.00	3085.65	19.28	11956.17	74.69	930.06	5.81	3.75	0.02
	700	32.65	0.20	0.00	0.00	3193.95	19.81	11957.69	74.16	937.22	5.81	3.75	0.02
	800	32.71	0.20	0.00	0.00	3194.79	19.80	11958.18	74.11	945.97	5.86	4.03	0.02
	1000	33.44	0.21	0.03	0.00	3199.90	19.79	11964.67	74.00	966.75	5.98	4.03	0.02
	1500	36.87	0.22	0.13	0.00	3223.97	19.66	11971.43	73.01	1161.43	7.08	4.03	0.02

由表 9-6 可知，对一级生态廊道进行不同宽度的缓冲结果有：当缓冲距离在 15～100m 时，缓冲区内"源"景观（林地、草地及水域）的面积占比逐渐降低，而"汇"景观（耕地、建设用地）的面积占比逐渐增大；当缓冲距离在 100～200m 时，缓冲区内"源""汇"景观面积占比同时呈现较大幅度的下降趋势；当缓冲距离在 200～300m 时，缓冲区内"源""汇"景观面积占比同时呈现较大幅度的上升趋势；当缓冲距离在 300～600m 时，缓冲区内"源""汇"景观面积占比基本保持不变；当缓冲距离在 600～1500m 时，缓冲区内"源"景观的面积占比逐渐增大，同时"汇"景观的面积占比逐渐降低，其中 600～700m 时，该趋势表现最为明显。根据生态廊道宽度选取原则，一级生态廊道的最佳适宜宽度为 600～700m。

对二级生态廊道进行不同宽度的缓冲结果有：当缓冲距离在 15～200m 时，缓冲区内"源"景观的面积占比逐渐降低，而"汇"景观的面积占比逐渐增大；当缓冲距离在 200～1500m 时，缓冲区内"源"景观的面积占比逐渐增大，同时"汇"景观的面积占比逐渐降低，其中 200～300m 时，该趋势表现最为明显。根据生态廊道宽度选取原则，二级生态廊道的最佳适宜宽度为 200～300m。

对三级生态廊道进行不同宽度的缓冲结果有：当缓冲距离在 15～200m 时，缓冲区内"源"景观的面积占比逐渐降低，而"汇"景观的面积占比逐渐增大；当缓冲距离在 200～300m 时，缓冲区内"源"景观的面积占比逐渐增大，同时"汇"景观的面积占比逐渐降低；当缓冲距离在 300～1000m 时，缓冲区内再次呈现"源"景观水域面积占比下降，而"汇"景观建设用地面积占比上升的趋势；当缓冲距离在 1000～1500m 时，缓冲区内恢复"源"景观面积占比上升，"汇"景观面积占比下降趋势。根据生态廊道宽度选取原则，三级生态廊道的最佳适宜宽度为 200～300m。

对四级生态廊道进行不同宽度的缓冲结果有：当缓冲距离在 15～300m 时，缓冲区内"源"景观的面积占比逐渐降低，而"汇"景观的面积占比逐渐增大；当缓冲距离在 300～700m 时，缓冲区内"源"景观的面积占比逐渐增大，同时"汇"景观的面积占比逐渐降低，其中 600～700m 时，该趋势表现最为明显；当缓冲距离在 700～1500m 时，缓冲区内再次呈现"源"景观面积占比下降，而"汇"景观面积占比上升的趋势。根据生态廊道宽度选取原则，四级生态廊道的最佳适宜宽度为 600～700m。

9.2.3　中低安全区内生态节点与生态断裂点的判别

（1）生态节点的判断

将研究区内生态廊道与重要河流景观之间的交点或者生态廊道与生态廊道之间的交点构建为生态节点。生态节点是物种在进行远距离迁徙时的栖息地，同时也是不同生态源地间物质和能量流通的关键折点，对生态廊道之间的相互联系具有重要意义。根据生态节点构建原则，构建了 14 个重要生态节点，其具体空间分布位置见图 9-14。

图 9-14　生态节点空间分布

（2）生态断裂点的判断

生态廊道与主要道路之间的交点构成了生态断裂点，生态断裂点在一定程度上增加了物种在生态源地间的迁移难度，限制了不同源地间的物质和能量的流通。根据生态断裂点的构成原理，识别了 44 处生态断裂点，其具体空间分布位置见图 9-15。

9.2.4　中低安全区优化调控网络图谱的构建

基于"源-汇"理论、MCR 模型和"重力模型"等构建了"17 源-33 廊-58点"的长江三角洲中低安全区优化调控网络图谱。"17 源"又分为"5＋8＋4"结构，即 5 个一级源地、8 个二级源地和 4 个三级源地。"33 廊道"又分为"7＋14＋8＋4"结构，即 7 条 600～700m 宽的一级廊道、14 条 200～300m 宽的二级

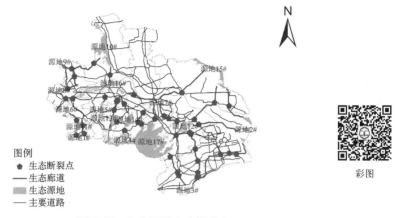

图 9-15　生态断裂点空间分布

廊道、8 条 200～300m 宽的三级廊道和 4 条 600～700m 宽的四级廊道，总体呈现"四横五纵"的廊道分布格局。"58 点"又分为"14＋44"结构，即 14 个生态节点和 44 个生态断裂点。长江三角洲中低安全区优化调控网络图谱见图 9-16。

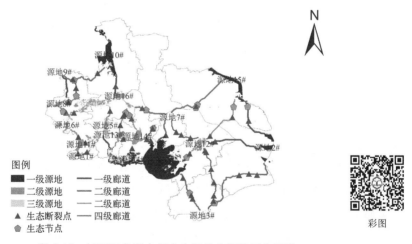

图 9-16　长江三角洲中低安全区优化调控网络图谱

一级源地 1♯位于南通北侧近川港和环港的临海水域，面积约 1241.779km^2。一级源地 2♯是位于上海东北方向三个相邻的自然保护区，分别是上海浦东新区九段沙湿地保护区、上海崇明东滩鸟类自然保护区以及上海崇明区长江口中华鲟保护区，总面积约为 1237.75km^2。一级源地 3♯是位于江苏和无锡的太湖水域，面积约为 2547.289km^2。一级源地 4♯是位于无锡与常州的南侧，紧邻一级源地 3♯的较大面积林地以及自然保护区（江苏省溧阳市天目湖湿地保护区、江苏省宜兴市的龙池山），总面积约 700.306km^2。一级源地 5♯是位于扬州西北侧的重要水域，包含高邮湖湿地保护区，面积约为 104.826km²。二级源地 1♯ 是位于苏州中部包含阳澄湖、昆承湖、尚湖、傀儡湖、鳗鲤湖、巴城湖以及雉城湖在内的重要水域，总面积约为 206.286km²。二级源地 2♯ 是横跨常州和无锡的滆湖水域，面积约 247.977km²。二级源地 3♯ 是常州中部的长荡湖（洮湖）水域，面积约 84.329km²。二级源地 4♯ 是位于常州、镇江及无锡交界处，包括曹山、落步山、树山、小树山、白马山、白虎山、南山、青龙山、瓦屋山、大乌龟洼山、茅山、白云峰、石龙山、五指山、九角峰等在内的重要林地，总面积约 235.658km²。二级源地 5♯ 是位于南京南侧的石臼湖水域，面积约为 138.250km²。二级源地 6♯ 是南京西南方向包含宝塔山、乔木山、天金山、丁家山、鸡笼山、大平山、天台山、斗笠山、公鸡山、母鸡山、火地山、莺子山、老坟山、云台山、大南山、秃子山、乌龟山、杭山、风车山、东坑林场、官头山、汤山、直山、歪头山、枣山、梅山、大金山、大北山等在内的重要林地，总面积约 120.329km²。二级源地 7♯ 是位于南京西侧，包含宝塔山、独山、北头山、横山、大灰山、女儿山、大女儿山、太平山、狮子岭、鹰嘴山、平阳山、青奥林、大洪山、福龙山、青春林、大椅子山、石公山、南京老山公家森林公园、平顶山等在内的重要林地，总面积约 102.892km²。二级源地 8♯ 是位于南京与镇江交界处，包含宝华山国家森林公园、乌鸦山、文山、阴山、东山、刺山、蜈蚣山、狼山、档山、徒山、小墓山、连山、千山、东山、金牛山、峰家山、龙王山、空青山、武岐山、香炉山、仙桃山等重要林地以及镇江丹徒区的镇江长江豚类自然保护区，总面积约 390.640km²。三级源地 1♯ 是位于嘉兴南部海盐县与海宁市内包含高阳山、大坟山、望夫山、南木山、北木山、紫云山、大旗山、麂山、观音山、大山、平丰山在内的重要林地，总面积约为 33.274km²。三级源地 2♯ 是位于江苏南京南部高淳区内的固城湖野生动物自然保护区，面积约 24.2km²。三级源地 3♯ 是位于南京北部六合区内包含老虎山、尖山、竹镇林场、止马岭景区、芝麻岭自然保护区在内的重要林地，总面积约 23.571km²。三级源地 4♯ 是位于无锡北部及部分无锡与常州交界处的包含城墩山、绮山、敔山、稷山在内的重要林地，总面积约 29.149km²。

参考文献

[1] 朱军，李益敏，余艳红. 基于 GIS 的高原湖泊流域生态安全格局构建及优化研究——以星云湖流域为例 [J]. 长江流域资源与环境，2017，26（8）：1237-1250.

［2］李道进，逄勇，钱者东，等．基于景观生态学源-汇理论的自然保护区功能分区研究［J］．长江流域资源与环境，2014（S1）：53-59.

［3］古璠，黄义雄，陈传明，等．福建省自然保护区生态网络的构建与优化［J］．应用生态学报，2017，28（3）：1013-1020.

［4］吴爱林，陈燕，燕彩霞，等．长江三角洲生态系统服务价值分析及趋势预测［J］．水土保持通报，2017，37（4）：254-259.

［5］陈万逸．上海临港新城围垦区土地利用动态分析和湿地生态修复评价［D］．上海：华东师范大学，2012.

［6］方莹，王静，黄隆杨，等．基于生态安全格局的国土空间生态保护修复关键区域诊断与识别——以烟台市为例［J］．自然资源学报，2020，35（1）：190-203.

［7］和娟，师学义，付扬军．基于生态系统服务的汾河源头区域生态安全格局优化［J］．自然资源学报，2020，35（4）：814-825.

［8］汤峰，王力，张蓬涛，等．基于生态保护红线和生态网络的县域生态安全格局构建［J］．农业工程学报，2020，36（9）．

［9］刘江，谢遵博，王千慧，等．北方防沙带东部区生态安全格局构建及优化［J］．生态学杂志，2021，40（11）：3412-3423.

［10］姜虹，张子墨，徐子涵，等．整合多重生态保护目标的广东省生态安全格局构建［J］．生态学报，2022（5）：1-12.

第十章

长江三角洲整体区域
调控图谱

10.1 "生态源地"的判别

10.1.1 "源"景观识别

根据"源-汇"理论，将林地景观、水域景观以及草地景观作为长江三角洲的生态"源"景观。林地景观占比最大，约 60201.73km²，占总面积的39.47%，主要集中分布在长江三角洲中南部区域。除重要河流外的水域景观面积约有 15361.563km²，占总面积的 10.07%，主要分布在长江三角洲中部及北部区域。草地景观占比最小，约 99.46km²，占总面积的 0.06%，草地分布较为分散，无集中分布区域。长江三角洲各土地利用"源"景观具体空间分布见图 10-1。

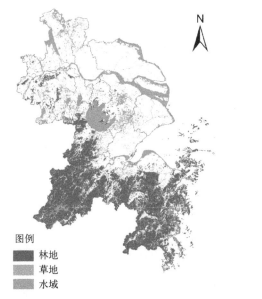

图例
■ 林地
□ 草地
▨ 水域

彩图

图 10-1　长江三角洲土地利用"源"景观空间分布

长江三角洲区域内的重要河流有长江、富春江、钱塘江、淮河、通榆运河、通扬运河、通吕运河、新通扬运河、京杭运河（里运河）、京杭运河（梁济运河、湖西航道、不牢河）及京杭运河（江南运河）。长江三角洲区域内长江跨度最长，有 11.23km，其次为京杭运河（里运河）6.62km，富春江 3.40km，京杭运河（江南运河）3.13km，通扬运河 1.65km，钱塘江 1.50km，新通扬运河1.07km，淮河 0.75km，通吕运河 0.75km，通榆运河 0.35km，京杭运河（梁济运河、湖西航道、不牢河）跨度最短，只有 0.29km。长江三角洲主要河流

"源"景观具体空间分布见图 10-2。

长江三角洲区域内有 36 个自然保护区。按照类型主要可分为 4 个地质遗迹保护区、1 个古生物遗迹保护区、3 个海洋海岸保护区、6 个内陆湿地保护区、8 个森林生态保护区、11 个野生动物保护区以及 3 个野生植物保护区。按照级别可分为 6 个国家级自然保护区、13 个省级自然保护区、3 个市级自然保护区及 14 个县级自然保护区。6 个国家级保护区分别是位于上海浦东新区的九段沙湿地保护区、上海崇明东滩鸟类自然保护区、浙江省临安的浙江天目山和临安清凉峰、浙江省象山县的象山韭山列岛以及浙江省长兴县的长兴地质遗迹。13 个省级自然保护区分别是位于上海金山区的金山三岛、上海崇明区的长江口中华鲟保护区、浙江省长兴县的尹家边扬子鳄保护区、浙江省安吉县的龙王山、浙江省诸暨市的东白山、浙江省舟山定海区的五峙山、浙江省仙居县的仙居括苍山、江苏省宜兴市的龙池山、江苏省溧阳市的上黄水母山、江苏省苏州吴中区的光福、江

图 10-2　长江三角洲自然保护区与重要河流"源"景观空间分布

苏省启东市的启东长江口北支、江苏省镇江丹徒区的镇江长江豚类保护区以及江苏省句容市的宝华山。3 个市级自然保护区均位于江苏省，分别是南京的雨花台、宝应县的运西以及江都区的扬州绿洋湖。14 个县级自然保护区分别是位于浙江省绍兴市的大庙坞鹭鸟保护区，浙江省富阳区的杏梅尖保护区，浙江省象山县的象山红岩保护区、灵岩山及花岙岛，浙江省象山县的檀山头岛，浙江省长兴县的八都芥、顾渚山及白岘洞山。长江三角洲自然保护区"源"景观具体空间分布见图 10-2。

10.1.2　"汇"景观识别

根据"源-汇"理论，将建设用地景观、耕地景观以及道路景观作为长江三角洲的生态"汇"景观。长江三角洲建设用地面积有 18582.14km^2，占总面积的 12.19％；耕地面积有 56894.93km^2，占总面积的 37.31％。建设用地景观主要分布在长江三角洲的中部区域，耕地景观主要分布在长江三角洲的北部区域。长江三角洲具体的土地利用"汇"景观空间分布见图 10-3。

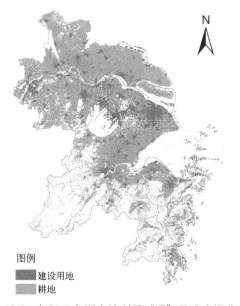

图例
■ 建设用地
▨ 耕地

彩图

图 10-3　长江三角洲土地利用"汇"景观空间分布

长江三角洲道路系统交错复杂，主要的道路有 6483 条，其中一级道路 770 条，二级道路 2619 条，三级道路 1723 条，四级道路 242 条，高速公路 1110 条，等外公路 19 条。一级道路主要分布在长江三角洲中南部区域，二级道路大部分分布在长江三角洲北部区域,三级道路主要分布在长江三角洲南北两侧,四级道路和等外公路数量较少,分布较为分散,高速公路主要呈南北走向,贯穿整个长江三角洲。长江三角洲具体的道路网空间分布见图 10-4。

彩图

图 10-4　长江三角洲主要道路"汇"景观空间分布

10.1.3　"生态源地"的判定

将面积较大、分布较为集中的"源"景观判定为"生态源地"。根据林地景观、草地景观、自然保护区景观和水域景观的空间分布特征,对其进行生态源地的判定。结果为:基于林地景观判定了 3 个生态源地,主要分布在长江三角洲下游和西侧区域,面积分别为 58294.86km²、255.17km²、394.65km²;基于自然保护区景观判定了 5 个生态源地,分别是共占地 652.4131km² 的上海九段沙国家级湿地自然保护区和崇明东滩鸟类国家自然保护区、分别占地 43.00km² 和 108.00km² 的浙江天目山国家自然保护区和临安清凉峰自然保护区、占地 466.67km² 的高邮湖湿地保护区、占地 57.30km² 的镇江长江豚类自然保护区。基于水域景观判定了包括太湖在内的 9 个生态源地,面积分别为 4424.65km²、566.28km²、 459.49km²、 297.67km²、 2138.05km²、 2341.16km²、 84.33km²、142.50km² 和 1421.15km²,包括太湖在内的个别水域源地位于长江三角洲中部,其他水域源地均位于长江三角洲的边界区域。将林地源地、保护区

源地和水域源地利用 GIS 进行空间叠加，对重复区域进行删除，相邻区域进行
叠加，最终得到 11 个长江三角洲生态源地。基于各源景观判定的生态源地及最
终判定的生态源地空间分布见图 10-5。

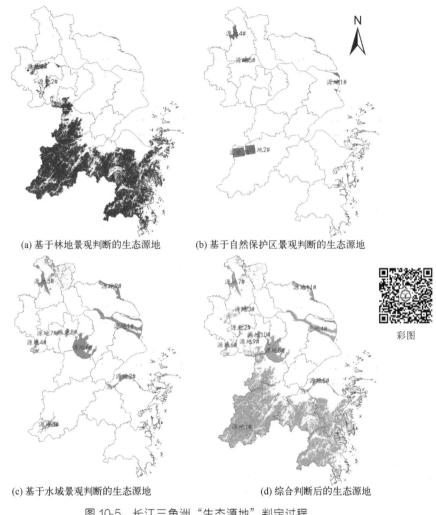

(a) 基于林地景观判断的生态源地　　(b) 基于自然保护区景观判断的生态源地

彩图

(c) 基于水域景观判断的生态源地　　(d) 综合判断后的生态源地

图 10-5　长江三角洲"生态源地"判定过程

　　通过长江三角洲区域生态系统不同景观类型单位面积生态服务价值，得到各
生态源地的生态服务经济价值量（见表 10-1）。结果为：11 个生态源地中，生态
服务经济价值大于 10000 亿元的生态源地有两个，分别是位于南部区域的源地
1♯ 和中上游区域的源地 3♯；生态服务经济价值在 100 亿～10000 亿元之间的生
态源地为上游西侧的源地 4♯；其他生态源地的生态服务经济价值均小于 100 亿
元。各源地生态服务经济价值空间分布见图 10-6。

表 10-1　各生态源地的生态服务经济价值　　　　　单位：亿元

生态源地	气体调节	气候调节	水源涵养	土壤形成与保护	废物处理	生物多样性保护	食物生产	原材料	娱乐文化	生态服务经济价值
1#	1584961.45	1224324.17	1521850.21	1766136.77	658118.19	1485164.38	45640.38	1177434.46	595134.60	10058776.28
2#	0.69	0.54	0.63	0.77	0.26	0.65	0.02	0.52	0.25	4.33
3#	10730.06	8277.48	9811.23	11956.36	4016.90	9994.38	306.57	7970.89	3924.33	66988.26
4#	0.00	1.58	70.05	0.03	62.49	8.56	0.34	0.03	14.92	158.01
5#	0.00	0.20	8.97	0.00	8.00	1.10	0.04	0.00	1.91	20.22
6#	0.00	0.11	4.71	0.00	4.20	0.58	0.02	0.00	1.00	10.63
7#	0.00	0.76	33.85	0.02	30.19	4.14	0.17	0.02	7.21	76.35
8#	0.00	0.84	37.06	0.02	33.06	4.53	0.18	0.00	7.89	83.60
9#	0.00	0.03	1.34	0.00	1.19	0.16	0.01	0.00	0.28	3.01
10#	0.00	0.05	2.26	0.00	2.01	0.28	0.01	0.00	0.48	5.09
11#	0.00	0.51	22.50	0.01	20.07	2.75	0.11	0.01	4.79	50.75

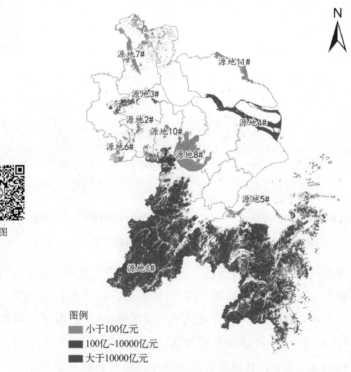

彩图

图 10-6　各生态源地生态服务经济价值空间分布

　　根据生态服务经济价值、源地面积、景观类型以及地理位置等因素对生态源地进行重要性等级评定。大致评定过程为：将生态服务经济价值高于 10000 亿元或者面积大于 $1000km^2$ 并包含国家自然保护区的源地划分为核心源地；将生态服务经济价值在 100 亿～10000 亿元或者面积在 $2000\sim10000km^2$ 或者包含自然保护区的源地划分为重要源地；其他源地划分为一般源地。由表 10-2 可知，对 11 个生态源地进行重要性评定结果为：源地 1♯和源地 3♯两个生态源地属于核心源地；源地 4♯、源地 6♯、源地 7♯和源地 8♯四个生态源地属于重要源地；源地 2♯、源地 5♯、源地 9♯、源地 10♯和源地 11♯五个生态源地属于一般源地。由不同等级生态源地的空间分布图（图 10-7）可知，两个核心源地分别位于长江三角洲南侧边界和上游中部；4 个重要源地中有 3 个源地分别位于长江三角洲北侧、西侧和东侧边界，另一个是位于长江三角洲中部的太湖水域；5 个一般源地中源地 5♯和源地 11♯位于长江三角洲边界，源地 2♯、源地 9♯和源地 10♯均位于长江三角洲上游中部。

表 10-2　生态源地重要性评定

生态源地	生态服务经济价值/亿元	面积/km²	景观类型	地理位置	重要性
1♯	大于 10000	58754.352	国家自然保护区、林地、水域	周边	核心源地
2♯	小于 100	255.166	林地	中部	一般源地
3♯	大于 10000	394.657	省级自然保护区、林地	中部	核心源地
4♯	100～10000	4424.64	国家、省级自然保护区、水域	周边	重要源地
5♯	小于 100	566.277	水域	周边	一般源地
6♯	小于 100	297.674	县级自然保护区、水域	周边	重要源地
7♯	小于 100	2138.04	市级、县级自然保护区、水域	周边	重要源地
8♯	小于 100	2341.16	水域	中部	重要源地
9♯	小于 100	84.329	水域	中部	一般源地
10♯	小于 100	142.5	水域	中部	一般源地
11♯	小于 100	1421.148	水域	周边	一般源地

图 10-7　不同等级生态源地的空间分布

10.2　生态廊道的构建

10.2.1　潜在生态廊道的构建

（1）阻力成本面的构建

对不同的阻力因子进行如表 9-3 所示的赋值，运用 GIS 中的 Conversion 工具，将阻力赋值后的矢量数据进行 100×100 的栅格化处理，再通过 Date Management 中的 Mosaic To New Raster 工具中将各景观栅格数据镶嵌至新的栅格中生成阻力成本面，以此作为计算阻力成本距离和成本回溯链接的数据基础。长江三角洲各景观的阻力值栅格化结果及镶嵌至新栅格后的阻力面见图 10-8。

（2）阻力成本距离及阻力成本回溯链接的构建

在阻力成本面的基础上，运用 GIS 中的 Distance 工具中的 Cost Distance 和 Cost Back Link 分析工具绘制长江三角洲 11 个生态源地的阻力成本距离及阻力成本回溯链接，作为后续计算长江三角洲各源地间生态廊道的数据基础。长江三

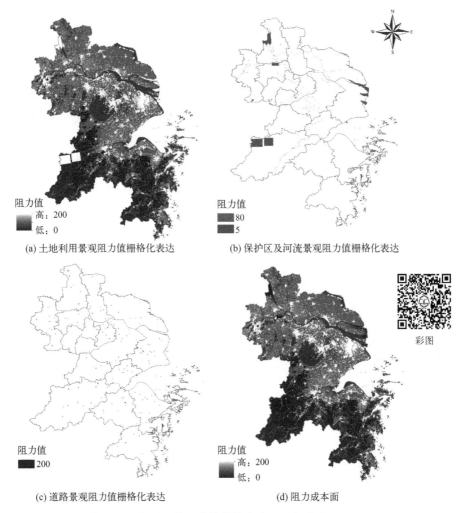

(a) 土地利用景观阻力值栅格化表达　　　　(b) 保护区及河流景观阻力值栅格化表达

(c) 道路景观阻力值栅格化表达　　　　　　(d) 阻力成本面

图 10-8　各景观的阻力值栅格表达及阻力成本面

角洲各源地阻力成本距离及成本回溯见图 10-9 及图 10-10。

（3）潜在生态廊道的构建

在长江三角洲阻力成本面、长三角阻力成本距离及长三角阻力成本回溯的基础上，运用 GIS 中的 Distance 工具中的 Cost Path 分析工具，分别绘制了长江三角洲 11 个生态源地间的最小成本栅格路径及从每个目标源地到其他源地的最小成本路径。为了更加直观地查看源地间的最小成本路径方向和统计路径的数量，运用 GIS 中的 Conversion 工具将成本路径栅格数据转换为矢量线状数据，并在此基础上对同一路径中的复杂较小分支进行适当合理的删减处理，最终得到各源地较为清晰的最小成本矢量路径，即潜在生态廊道（图 10-11）。

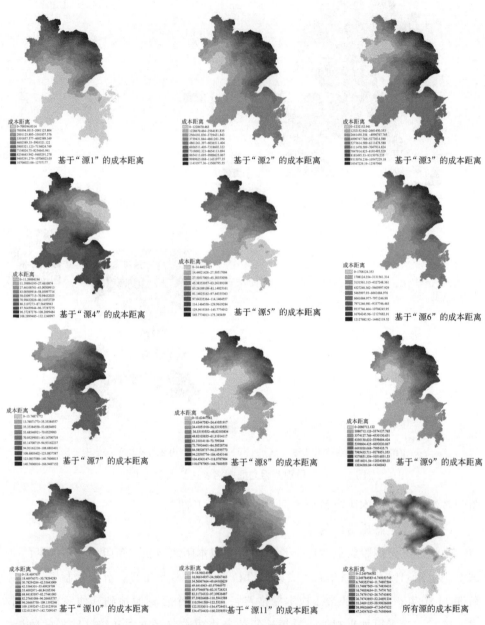

图 10-9　单个生态源地的阻力成本距离及所有源的成本距离

彩图

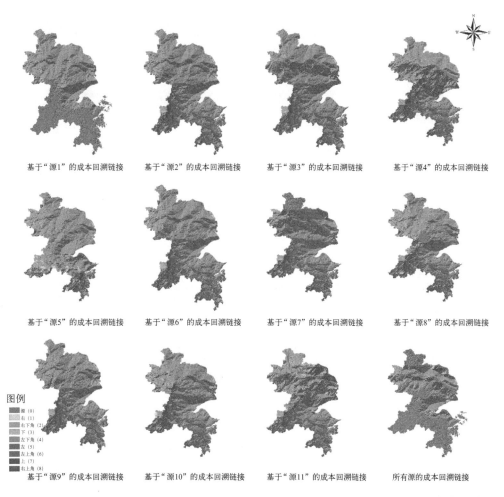

图 10-10　单个生态源地的阻力成本回溯链接及所有源的成本回溯链接

彩图

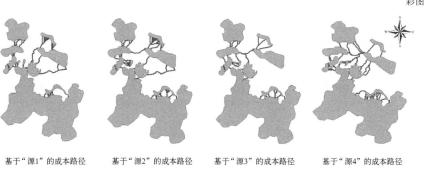

图 10-11

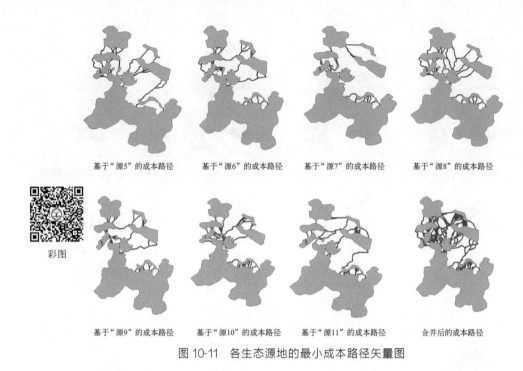

基于"源5"的成本路径　　基于"源6"的成本路径　　基于"源7"的成本路径　　基于"源8"的成本路径

彩图

基于"源9"的成本路径　　基于"源10"的成本路径　　基于"源11"的成本路径　　合并后的成本路径

图 10-11　各生态源地的最小成本路径矢量图

通过 GIS 中的 Attribute Table 统计基于各源地的最小成本路径数量。基于"源1"有 604 条；基于"源 2"有 1209 条；基于"源 3"有 285 条；基于"源4"有 336 条；基于"源 5"有 332 条；基于"源 6"有 204 条；基于"源 7"有214 条；基于"源 8"有 284 条；基于"源 9"有 248 条；基于"源 10"有 338条；基于"源 11"有 360 条。将基于各源地的最小路径进行合并，共得到 4411条潜在生态廊道。

10.2.2　重要生态廊道的提取

（1）生态源地相互作用矩阵

根据重力模型计算得到长江三角洲 11 个生态源地间的相互作用矩阵（表10-3）。由表 10-3 可知，源地 2 和 3 之间的相互作用最强，相互作用指数为4.03，大于 1，说明两源地之间物质和能量的交流较为频繁，物种在两源地间跨区域迁移的可能性较大。源地 1 和 2、1 和 3、1 和 8、2 和 4、2 和 5、2 和 6、2和 7、2 和 8、2 和 9、2 和 10、2 和 11、3 和 4、3 和 5、3 和 6、3 和 7、3 和 8、3 和 9、3 和 10 及 3 和 11 共 19 组源地之间相互作用指数在 0.1～1 之间；其他两源地之间相互作用指数均小于 0.1。

表 10-3　各生态源地相互作用矩阵

源地编号	1	2	3	4	5	6	7	8	9	10
1	0.00	0.80	0.43	0.08	0.09	0.07	0.07	0.12	0.07	0.08
2	0.80	0.00	4.03	0.61	0.68	0.59	0.53	0.76	0.57	0.59
3	0.43	4.03	0.00	0.33	0.35	0.30	0.28	0.30	0.29	0.24
4	0.08	0.61	0.33	0.00	0.09	0.06	0.06	0.07	0.05	0.06
5	0.09	0.68	0.35	0.09	0.00	0.06	0.06	0.06	0.06	0.06
6	0.07	0.59	0.30	0.06	0.06	0.00	0.05	0.07	0.05	0.05
7	0.07	0.53	0.28	0.06	0.06	0.05	0.00	0.06	0.05	0.05
8	0.12	0.76	0.30	0.07	0.06	0.07	0.06	0.00	0.07	0.07
9	0.07	0.57	0.29	0.05	0.06	0.05	0.05	0.07	0.00	0.05
10	0.08	0.59	0.24	0.06	0.06	0.05	0.05	0.07	0.05	0.00
11	0.07	0.56	0.29	0.07	0.06	0.05	0.07	0.07	0.05	0.05

（2）重要生态廊道的识别

根据生态源地重要性评定结果及生态源地间相互作用指数对生态廊道重要性进行评定，大致评定过程为：将相互作用指数大于1的两源地或者属于两核心源地之间的生态廊道评定为极重要廊道；将相互作用指数在 0.1～1 之间的非核心源地之间的生态廊道评定为重要生态廊道；将相互作用指数小于 0.1 的两源地且无一般源地的两源地之间的生态廊道评定为较重要廊道；将相互作用指数小于 0.1 且包含一般源地的两源地之间的生态廊道评定为一般廊道。由生态廊道重要性判定结果（表 10-4）可知：源地 1&3、2&3 之间廊道属于极重要廊道；源地 1&2、1&8、2&4、2&5、2&6、2&7、2&8、2&9、2&10、2&11、3&4、3&5、3&6、3&7、3&8、3&9、3&10、3&11 之间廊道属于重要廊道；源地 1&4、1&6、1&7、4&6、4&7、4&8、6&7、6&8、7&8 之间廊道属于较重要廊道；源地 1&5、1&9、1&10、1&11、4&9、4&10、4&11、5&6、5&7、5&8、5&9、5&10、5&11、6&9、6&10、6&11、7&9、7&10、7&11、8&9、8&10、8&11、9&10、9&11、10&11 之间廊道属于一般廊道。

表 10-4　生态廊道重要性判定结果

生态源地编号	生态源地重要性	源地相互作用强度	生态廊道重要性	生态源地编号	生态源地重要性	源地相互作用强度	生态廊道重要性
1&2	核心 & 一般	0.1～1	重要	1&6	核心 & 重要	小于 0.1	较重要
1&3	核心 & 核心	0.1～1	极重要	1&7	核心 & 重要	小于 0.1	较重要
1&4	核心 & 重要	小于 0.1	较重要	1&8	核心 & 重要	0.1～1	重要
1&5	核心 & 一般	小于 0.1	一般	1&9	核心 & 一般	小于 0.1	一般

续表

生态源地编号	生态源地重要性	源地相互作用强度	生态廊道重要性	生态源地编号	生态源地重要性	源地相互作用强度	生态廊道重要性
1&10	核心 & 一般	小于 0.1	一般	4&10	重要 & 一般	小于 0.1	一般
1&11	核心 & 一般	小于 0.1	一般	4&11	重要 & 一般	小于 0.1	一般
2&3	一般 & 核心	大于 1	极重要	5&6	一般 & 重要	小于 0.1	一般
2&4	一般 & 重要	0.1~1	重要	5&7	一般 & 重要	小于 0.1	一般
2&5	一般 & 一般	0.1~1	重要	5&8	一般 & 重要	小于 0.1	一般
2&6	一般 & 重要	0.1~1	重要	5&9	一般 & 一般	小于 0.1	一般
2&7	一般 & 重要	0.1~1	重要	5&10	一般 & 一般	小于 0.1	一般
2&8	一般 & 重要	0.1~1	重要	5&11	一般 & 一般	小于 0.1	一般
2&9	一般 & 一般	0.1~1	重要	6&7	重要 & 重要	小于 0.1	较重要
2&10	一般 & 一般	0.1~1	重要	6&8	重要 & 重要	小于 0.1	较重要
2&11	一般 & 一般	0.1~1	重要	6&9	重要 & 一般	小于 0.1	一般
3&4	核心 & 重要	0.1~1	重要	6&10	重要 & 一般	小于 0.1	一般
3&5	核心 & 一般	0.1~1	重要	6&11	重要 & 一般	小于 0.1	一般
3&6	核心 & 重要	0.1~1	重要	7&8	重要 & 重要	小于 0.1	较重要
3&7	核心 & 重要	0.1~1	重要	7&9	重要 & 一般	小于 0.1	一般
3&8	核心 & 重要	0.1~1	重要	7&10	重要 & 一般	小于 0.1	一般
3&9	核心 & 一般	0.1~1	重要	7&11	重要 & 一般	小于 0.1	一般
3&10	核心 & 一般	0.1~1	重要	8&9	重要 & 一般	小于 0.1	一般
3&11	核心 & 一般	0.1~1	重要	8&10	重要 & 一般	小于 0.1	一般
4&5	重要 & 一般	小于 0.1	一般	8&11	重要 & 一般	小于 0.1	一般
4&6	重要 & 重要	小于 0.1	较重要	9&10	一般 & 一般	小于 0.1	一般
4&7	重要 & 重要	小于 0.1	较重要	9&11	一般 & 一般	小于 0.1	一般
4&8	重要 & 重要	小于 0.1	较重要	10&11	一般 & 一般	小于 0.1	一般
4&9	重要 & 一般	小于 0.1	一般				

　　根据生态廊道重要性判定结果，再结合节约成本原则，对重复的生态廊道以及跨源地的两源地之间的生态廊道进行删减，最终得到 31 条生态廊道，其中极重要生态廊道两条，重要生态廊道和较重要生态廊道各 9 条，一般生态廊道 11条，不同重要性生态廊道空间分布见图 10-12。

　　（3）生态廊道宽度的确定

　　将不同重要性生态廊道分别进行 15m、30m、60m、100m、200m、300m、600m、700m、800m、1000m 及 1500m 的宽度缓冲，对缓冲区内土地利用"源"、"汇"景观进行统计分析，根据统计结果，结合最小构建成本原则，可以得到不同重要性生态廊道的最佳适宜宽度。由表 10-5 可知，对于极重要生态廊道，缓冲距离在 15~100m 时，"源""汇"景观占比基本不变；100~600m 时，

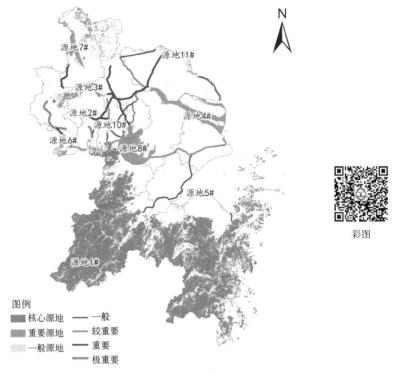

彩图

图 10-12　不同重要性生态廊道空间分布

"源"景观占比持续下降，而"汇"景观占比持续上升；600~700m 时，"源"景观占比开始上升，同时"汇"景观占比开始下降；700~800m 时，"源"景观占比在下降，800~1000m 时，"源"景观占比下降，"汇"景观占比上升；1000~1500m 时，"源"景观占比上升，"汇"景观占比下降。因此极重要生态廊道的最佳适宜宽度为 600~700m。

对于重要生态廊道，缓冲距离在 15~300m 时，"源"、"汇"景观占比基本保持不变；300~600m 时，"源"景观占比上升，"汇"景观占比下降；600~800m 时，"源"景观占比下降，"汇"景观占比上升；800~1500m 时，"源"景观占比上升，"汇"景观占比下降。因此重要生态廊道的最佳适宜宽度为 300~600m。

对于较重要生态廊道，缓冲距离在 15~30m 时，"源"景观占比下降，"汇"景观占比上升；30~800m 时，"源"景观占比上升，"汇"景观占比下降，其中 60~100m 时，该趋势表现最为明显；800~1000m 时，"源"景观占比下降，"汇"景观占比上升；1000~1500m 时，"源"景观占比上升，"汇"景观占比下降。因此较重要生态廊道的最佳适宜宽度为 60~100m。

对于一般生态廊道，缓冲距离在 15~60m 时，"源"景观占比下降，"汇"景观占比上升；60～300m 时，"源"景观占比上升，"汇"景观占比下降；300～700m 时，"源"景观占比下降，"汇"景观占比上升；700～1500m 时，"源"景观占比上升，"汇"景观占比下降。因此一般生态廊道的最佳适宜宽度为 100～200m。

表 10-5　各等级生态廊道在不同宽度缓冲区内的景观类型统计

土地利用景观类型		极重要生态廊道缓冲结果											
		林地		草地		水域		耕地		建设用地		未利用地	
		面积/km²	占比/%	面积/km²	占比/%	面积/km²	占比/%	面积/km²	占比/%	面积/km²	占比/%	面积/km²	占比/%
廊道宽度/m	15	91.29	1.18	0.22	0.00	1569.55	20.27	6059.52	78.26	12.97	0.17	9.01	0.12
	30	91.29	1.18	0.22	0.00	1569.55	20.27	6059.52	78.26	13.46	0.17	9.01	0.12
	60	91.69	1.18	0.22	0.00	1569.55	20.27	6060.41	78.25	13.77	0.18	9.01	0.12
	100	92.58	1.19	0.22	0.00	1569.65	20.25	6063.67	78.23	15.53	0.20	9.01	0.12
	200	93.19	1.20	0.22	0.00	1569.75	20.23	6072.84	78.24	16.42	0.21	9.01	0.12
	300	94.11	1.21	0.22	0.00	1571.00	20.18	6089.71	78.24	19.56	0.25	9.01	0.12
	600	96.02	1.22	0.22	0.00	1572.91	19.95	6178.46	78.36	28.06	0.36	9.30	0.12
	700	96.70	1.21	0.41	0.01	1608.52	20.11	6179.12	77.25	104.89	1.31	9.30	0.12
	800	111.10	1.33	0.51	0.01	1609.38	19.25	6186.34	74.00	443.14	5.30	9.30	0.11
	1000	114.66	1.36	0.51	0.01	1612.07	19.09	6219.47	73.64	489.75	5.80	9.30	0.11
	1500	140.39	1.63	0.78	0.01	1623.64	18.89	6249.25	72.69	573.80	6.67	9.44	0.11
土地利用景观类型		重要生态廊道缓冲结果											
		林地		草地		水域		耕地		建设用地		未利用地	
		面积/km²	占比/%	面积/km²	占比/%	面积/km²	占比/%	面积/km²	占比/%	面积/km²	占比/%	面积/km²	占比/%
廊道宽度/m	15	45.55	0.19	1.66	0.01	1597.66	6.56	22256.58	91.41	432.84	1.78	13.12	0.05
	30	45.71	0.19	1.66	0.01	1597.66	6.56	22257.07	91.41	433.19	1.78	13.57	0.06
	60	45.93	0.19	1.66	0.01	1597.76	6.56	22261.54	91.38	442.08	1.81	13.57	0.06
	100	46.73	0.19	1.66	0.01	1598.93	6.56	22266.64	91.30	451.41	1.85	22.22	0.09
	200	46.83	0.19	1.66	0.01	1608.10	6.56	22271.35	90.90	550.71	2.25	22.81	0.09
	300	48.13	0.20	1.66	0.01	1610.06	6.56	22283.30	90.75	587.41	2.39	22.81	0.09
	600	51.15	0.19	1.66	0.01	3956.61	14.67	22307.69	82.70	632.07	2.34	24.72	0.09
	700	52.60	0.19	1.66	0.01	3959.49	14.62	22402.43	82.70	647.45	2.40	24.72	0.09
	800	53.20	0.20	2.18	0.01	3961.10	14.61	22405.03	82.62	671.23	2.48	24.72	0.09
	1000	55.05	0.20	2.37	0.01	4051.83	14.84	22415.14	82.12	743.39	2.72	28.06	0.10
	1500	61.92	0.22	3.94	0.01	4212.46	15.23	22461.15	81.21	889.46	3.22	28.53	0.10

续表

较重要生态廊道缓冲结果												
土地利用景观类型		林地		草地		水域		耕地		建设用地		未利用地	
		面积/km²	占比/%	面积/km²	占比/%	面积/km²	占比/%	面积/km²	占比/%	面积/km²	占比/%	面积/km²	占比/%
廊道宽度/m	15	55.90	0.18	0.44	0.00	3020.73	9.82	26910.84	87.44	782.74	2.54	5.08	0.02
	30	56.03	0.18	0.44	0.00	3022.50	9.78	27028.55	87.46	791.40	2.56	5.08	0.02
	60	265.75	0.83	0.44	0.00	3029.15	9.46	27212.32	84.95	1521.86	4.75	5.14	0.02
	100	266.16	0.77	0.44	0.00	5371.04	15.60	27246.84	79.13	1542.63	4.48	5.42	0.02
	200	267.14	0.77	0.44	0.00	5382.77	15.59	27261.62	78.98	1599.21	4.63	5.42	0.02
	300	487.60	1.40	0.44	0.00	5391.12	15.50	27269.06	78.41	1622.65	4.67	5.42	0.02
	600	492.49	1.41	0.44	0.00	5516.00	15.77	27290.95	78.04	1664.07	4.76	5.45	0.02
	700	492.99	1.41	0.76	0.00	5516.79	15.77	27296.48	78.02	1672.29	4.78	5.88	0.02
	800	493.26	1.40	0.76	0.00	5661.22	16.11	27298.36	77.68	1684.33	4.79	5.88	0.02
	1000	494.93	1.40	0.76	0.00	5667.05	16.07	27308.27	77.43	1793.36	5.08	5.88	0.02
	1500	514.90	1.45	2.56	0.01	5685.32	16.04	27323.39	77.09	1913.53	5.40	5.88	0.02

一般生态廊道缓冲结果												
土地利用景观类型		林地		草地		水域		耕地		建设用地		未利用地	
		面积/km²	占比/%	面积/km²	占比/%	面积/km²	占比/%	面积/km²	占比/%	面积/km²	占比/%	面积/km²	占比/%
廊道宽度/m	15	67.18	0.20	0.00	0.00	1931.92	5.86	30484.52	92.41	501.27	1.52	3.49	0.01
	30	67.18	0.20	0.00	0.00	1931.92	5.85	30485.76	92.39	508.09	1.54	3.49	0.01
	60	67.18	0.20	0.03	0.00	1932.20	5.85	30486.45	92.24	562.07	1.70	4.03	0.01
	100	68.29	0.20	0.03	0.00	2266.12	6.78	30488.17	91.24	589.94	1.77	4.54	0.01
	200	69.19	0.20	0.03	0.00	3818.54	10.89	30550.41	87.13	619.17	1.77	4.54	0.01
	300	69.61	0.20	0.03	0.00	3827.10	10.90	30552.03	87.05	642.91	1.83	4.54	0.01
	600	74.00	0.21	0.03	0.00	3843.68	10.87	30567.94	86.46	863.11	2.44	4.99	0.01
	700	74.82	0.21	0.03	0.00	3845.14	10.87	30572.10	86.42	880.51	2.49	4.99	0.01
	800	75.84	0.21	0.03	0.00	3932.79	11.07	30584.71	86.10	921.64	2.59	5.57	0.02
	1000	77.39	0.20	0.03	0.00	6419.84	16.83	30602.78	80.24	1033.95	2.71	6.94	0.02
	1500	392.98	1.02	0.19	0.00	6446.44	16.70	30652.46	79.40	1103.91	2.86	6.97	0.02

10.3   生态节点与生态断裂点的判别

10.3.1   生态节点

将生态廊道之间的交点和生态廊道与重要河流之间的交点判定为生态节点，基于长江三角洲的生态廊道及重要河流空间分布判定了 16 个生态节点，主要分布在长江三角洲的北部区域。长江三角洲具体的生态节点空间分布见图 10-13。

彩图

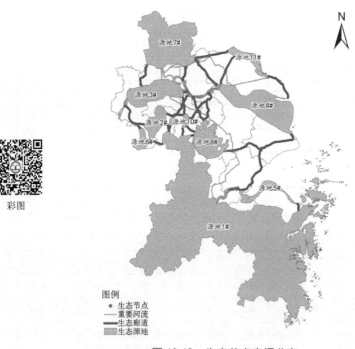

图 10-13   生态节点空间分布

10.3.2   生态断裂点

将生态廊道与主要道路之间的交点判定为生态断裂点，基于长江三角洲的生态廊道及主要道路空间分布判定了 51 个生态断裂点，主要分布在长江三角洲的中部及北部区域。长江三角洲具体的生态断裂点空间分布见图 10-14。

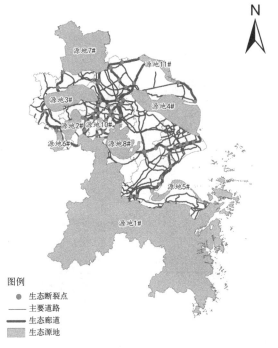

彩图

图 10-14　生态断裂点空间分布

10.4　整体区域优化调控网络图谱的构建

　　基于"源-汇"理论、MCR 模型和"重力模型"等构建了"11 源-31 廊-67 点"的长江三角洲总体优化调控网络图谱。"11 源"又分为"2＋4＋5"结构，即两个核心源地、4 个重要源地和 5 个一般源地。"31 廊道"又分为"2＋9＋9＋11"结构，即 2 条 600～700m 宽的极重要廊道、9 条 300～600m 宽的重要廊道、9 条 60～100m 宽的较重要廊道和 11 条 100～200m 宽的一般廊道，总体呈现"三横五纵"的空间分布格局。"67 点"又分为"16＋51"结构，即 16 个生态节点和 55 个生态断裂点。长江三角洲总体优化调控网络图谱见图 10-15。

　　核心源地 1♯是位于镇江北部以及部分镇江与南京交界处包含茅山、紫金山、青龙山、黄龙山、大连山、唐木山、尖头山、达岭山、狐狸山、老虎山、青山、乌龟山、小茅山、珠山、黄龙山、千二山、窑山、凳子山、小龙山、大龙山、道贯山、神山、豹山、连山、小墓山、孔山、徒山、狼山、文山、乌鸦山、宝华山森林公园等在内的重要林地以及镇江丹徒区镇江长江豚类保护区，总面积

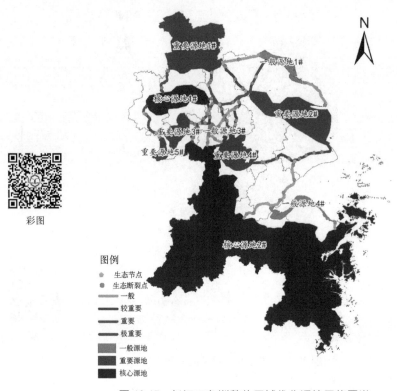

彩图

图 10-15　长江三角洲整体区域优化调控网络图谱

约 394.657km^2。核心源地 2♯是位于长江三角洲南部的重要大面积林地及重要水域，范围涵盖台州、宁波、绍兴、杭州、湖州、无锡等多个城市，包含有金山、安山、横山、上官山、洋田山、蜜山、阴山等多个重要林地，新安江、分水江、老虎潭等多个重要水域以及龙王山自然保护区、天目山国家自然保护区、清凉峰自然保护区、尹家边扬子鳄自然保护区等重要区域，总面积约 58754.352km^2。重要源地 1♯是位于长江三角洲北部含运西湿地保护区、高邮湖湿地保护区、绿洋湖湿地及野生动物保护区在内的重要水域，总面积约为 2138.04km^2。重要源地 2♯是位于长江三角洲东北方向包含江苏省启东市启东长江口北支保护区、上海崇明长江口中华鲟保护区、上海市浦东新区的九段沙湿地自然保护区在内的重要水域，总面积约 4424.64km^2。重要源地 3♯是位于长江三角洲西部的南京、镇江及常州交界处的包含曹山、落步山、树山、小树山、白马山、白虎山、南山、青龙山、瓦屋山、大乌龟洼山、茅山、白云峰、石龙山、五指山、九角峰等在内的重要林地，总面积约为 255.166km^2。重要源地 4♯是位于江苏和无锡的太湖，面积约为 2341.160km^2。重要源地 5♯是位于南京西南方向包含天金山、丁家山、鸡笼山、莺子山、杭山、风车山、官头山、汤山、大金山、大北山等在内的重要林地，总面积约 297.674km^2。一般源地 1♯是位于南通北侧近川港和环港的临海水域，面积约 1421.148km^2。一般源地 2♯是位于常州中部的长荡湖水域，面积约 84.329km^2。一般源地 3♯是横跨常州和无锡的滆湖水域，面积约 142.497km^2。一般源地 4♯是位于宁波北部的临东海滩涂，面积约 566.277km^2。

10.5　具体优化调控措施

根据长江三角洲整体区域生态安全现状及优化调控网络图谱，提出具体调控措施。长江三角洲重点区域的具体调控措施与整体区域类同。具体调控措施如下：

（1）细化生态源地的保护措施，提升区域生态系统环境质量

生态源地具有生态服务价值高、敏感性强、能促进生态过程发展等特点，保护生态源地是保护区域生态环境、提高生态系统环境质量的前提。对于不同级别的生态源地应该根据其特点制定并实施合理的保护措施。对于核心源地（一级源地），敏感性最强、安全性最低，应将该区域设为禁建区，实行重点保护。该区域内应禁止任何破坏生态环境的建设行为，包括旅游开发等项目的建设，从根本上降低人类活动对区域的影响。同时对位于区域内的河湖水域，除了禁止开发建设外，还应设立长期稳定的监测站点，实时监测记录水质情况，对于有污染的水域，及时进行污染治理，确保该区域内生态过程的健康可持续发展。对于重要源地（二级源地），其安全性高于核心源地（一级源地），生态敏感性低于核心源地（一级源地），该区域可以设为限建区，以保护环境为主，适量发展经济。在该区域内，可以适量允许污染低、能耗低、人类影响较小的行业建设发展，如不破坏自然原始形态下的旅游业、新型生态渔业等。同时对于该区域应定期进行环境监测，确保及时了解区域内生态环境质量发展状况，根据实际情况，可以调整产业布局和结构优化，达到以保护生态环境为主的自然经济和谐发展状态。对于一般源地（三级源地），其安全性比重要源地（二级源地）高，敏感性相对较低，可以将区域设为适建区，在不破坏自然环境的前提下发展经济建设。在该区域内，可以允许不破坏生态环境，且产生和排放的污染物较少的部分行业企业建设发展，如部分林业、渔业等。同时也需要定期对其生态环境质量进行监测，确保生态系统环境质量安全。

　　（2）加强生态廊道的保护，促进物种迁移，提高区域生态系统完整性

　　生态廊道是生态源地间相互连接的自然纽带，可以将区域内破碎的斑块景观进行连接，促进斑块内物种的迁移与交流，促进区域内部间物质和能量的流通，这对生态系统的完整性具有重要意义。对于不同等级的生态廊道应该根据其内部"源-汇"景观分布特点规划最适宜生态发展的宽度。生态廊道对区域内物种的迁移和能量流动起到十分重要的促进作用，廊道内区域应设为禁建区，在该区域内尽量避免建设行为，包括道路或铁路等的交通建设，对道路的规划应该避开此区域，部分无法绕行建设的道路应设立高架等结构，尽力避免一切破坏生态环境、影响物种迁移的建设行为发生。

　　（3）科学保护生态节点，重点修复生态断裂点，维护区域生态系统稳定

　　生态节点是生态廊道与重要河流或生态廊道与生态廊道之间的交接点，也是物种迁移过程中的重要休憩点，区域内生态节点越多，表示该区域的生态系统越复杂。生态断裂点是生态廊道与主要道路的交叉点，区域内生态断裂点越多，表示该区域生态系统被切割的程度越大，物种跨区域迁移的难度也就越高，不利于生态系统稳定。保护生态节点，修复生态断裂点，是维护生态系统稳定性的必要途径。对于生态节点区域，应限制人类活动，同时加强生态环境监测，为迁移物种提供一个自然健康的生态休憩地，从而提高生态系统的多样性。对于生态断裂点，应尽量使道路建设避开生态廊道，减少区域内断裂点的数量，从根本上减少对区域自然生态环境的破坏。对于无法避免的断裂点，可以采取建立高架、限量通行、限速行驶、禁止鸣笛、增种绿色植被等措施来减少对生态功能的影响，从而达到维护生态系统的稳定性的目的。

参考文献

[1]　郑好，高吉喜，谢高地，等．生态廊道［J］．生态与农村环境学报，2019，35（2）：137-144.

[2]　何海英，陈彩芬，陈富龙，等．张家口明长城景观廊道 Sentinel-1 影像 SBAS 形变监测示范研究［J］．国土资源遥感，2021，33（1）：205-213.

[3]　黄雪飞，吴次芳，游和远，等．基于 MCR 模型的水网平原区乡村景观生态廊道构建．［J］．农业工程学报，2019，35（10）.

[4]　李青圃，张正栋，万露文，等．基于景观生态风险评价的宁江流域景观格局优化［J］．地理学报，2019，74（7）：1420-1437.

［5］　项清.川藏茶马古道传统聚落景观廊道网络构建［D］.成都：成都理工大学，2019.

［6］　王霜.生态文明建设下的城市水系景观规划——以北京市坝河水系景观廊道提升为例［J］.绿色环保建材，2019（3）：52-53.

［7］　吴金华，刘思雨，白帅.基于景观生态安全的神木市生态廊道识别与优化［J］.干旱区研究，2021，38（4）：1120-1127.

［8］　桂汪洋，黄荣钦，戴一正，等.基于散点透视的高铁廊道景观控制研究［J］.安徽建筑大学学报，2020，28（2）：32-37.